# 人形机器人
# 关键技术

陈骥驰　魏春风　柴安颖　著

化学工业出版社

·北京·

**内容简介**

随着机器人技术和人工智能技术的飞速发展，人形机器人将在工业应用、家庭服务、医疗卫生、教育娱乐和救灾抢险等领域发挥巨大的作用。本书系统梳理了人形机器人领域的核心技术，着重介绍了人形机器人的运动学和动力学建模、步行稳定性控制、步态和路径规划、机械手运动规划、智能交互以及具身智能等技术。

本书注重先进性和前瞻性，适宜从事人形机器人相关领域的科研和产业规划的人员参考。

**图书在版编目（CIP）数据**

人形机器人关键技术 / 陈骥驰，魏春风，柴安颖著．
北京 ： 化学工业出版社，2025．8． -- ISBN 978-7-122
-48082-8

Ⅰ．TP24

中国国家版本馆 CIP 数据核字第 2025YT3976 号

---

责任编辑：邢　涛　　　　　　　　文字编辑：袁　宁
责任校对：宋　玮　　　　　　　　装帧设计：韩　飞

---

出版发行：化学工业出版社
　　　　　（北京市东城区青年湖南街 13 号　邮政编码 100011）
印　　装：河北延风印务有限公司
710mm×1000mm　1/16　印张 9¾　字数 200 千字
2025 年 9 月北京第 1 版第 1 次印刷

---

购书咨询：010-64518888　　　　　　售后服务：010-64518899
网　　址：http://www.cip.com.cn
凡购买本书，如有缺损质量问题，本社销售中心负责调换。

---

定　　价：88.00 元　　　　　　　　版权所有　违者必究

# 前　言

随着机器人技术和人工智能领域的飞速发展，人形机器人作为一种集智能化、类人行为与互动能力于一体的高科技产品，正逐步从实验室走向实际应用。人形机器人不仅能够模仿人类的动作和表情，还能实现与人类的智能交互，解决许多复杂工程任务，成为现代技术发展的重要方向之一。它在工业生产、家庭服务、医疗辅助、教育娱乐和灾难救援等多个领域均展现出巨大的潜力和广阔前景。人形机器人的发展，不仅对技术本身提出了更高的要求，也为智能化社会的构建提供了新的思路和可能性。

本书系统地梳理了人形机器人研究领域中的核心技术，旨在为读者提供一个全面而系统的知识框架。全书共分为七章，涵盖了人形机器人的运动学与动力学建模、步行稳定性判据、步态规划、机械手运动控制、智能交互和安全通信等重要技术。通过深入探讨这些技术，本书不仅展示了当前的研究成果，还提供了丰富的理论分析，以帮助读者更好地理解并应用相关领域的前沿成果。

第1章人形机器人概述，对人形机器人研究的意义和发展现状进行了全面概述，分析了国内外的研究现状，并深入探讨了未来的发展趋势。最后，对全书各章节的内容安排进行了概要性的介绍，以帮助读者更好地理解本书的结构与重点。

第2章人形机器人运动学与动力学建模，讨论了人形机器人的运动学与动力学建模技术，阐明了相关的理论基础。通过对运动学与动力学模型的详细解析，帮助读者全面了解人形机器人涉及的各项基本原理与建模方法。

第3章人形机器人步行稳定性判据，探讨了人形机器人步行稳定性的判据，涵盖了零力矩点、庞加莱回归映射及质心角动量等稳定性判据。分析了这些判据在实际应用中的优缺点，并探讨了它们的局限性。

第4章人形机器人行走步态规划，探讨了人形机器人步态规划的方法，比较了传统步态规划与智能化步态规划技术的优势与不足。通过对各类步态规划技术的详细分析，帮助读者理解如何实现更加自然、高效的人形机器人行走。

第5章人形机器人机械手运动控制，详细分析了人形机器人机械手的运动控制技术，包括驱动方式、轨迹规划以及控制策略等内容。通过对人形机器人机械手各项技术的分析，为读者在人形机器人机械手运动控制的设计中提供多样化的选择。

第6章人形机器人智能交互，聚焦于人形机器人智能交互系统的研究，特别是基于生物电信号的智能交互技术。以实例的形式讨论了如何通过生物电信号实现人与人形机器人之间自然、流畅的交互。

第7章人形机器人安全通信，详细分析了人形机器人安全通信的相关技术，探讨了信息加密、身份认证、访问控制等关键安全技术的应用与发展，为实现安全、高效的人形机器人通信系统提供了理论支持和技术参考。

本书不仅依托于丰富的文献资料和前沿研究成果，还结合了作者多年的实际研究经验，希望为从事人形机器人研究的技术人员以及人形机器人爱好者提供一个系统化的知识体系。通过对关键技术的深入探讨和不断创新，相信人形机器人必将在未来科技革命中发挥举足轻重的作用。希望本书能够帮助读者更加全面地了解人形机器人这一前沿领域的技术与应用，为推动相关研究与实践做出微薄的贡献。

陈骥驰

# 目 录

# 第5章 人形机器人机械手运动控制

# 第 1 章

# 人形机器人
# 概述

## 1.1　人形机器人研究意义

人形机器人是一种模仿人类外形和动作的机器人，具备处理复杂任务的能力，能够在许多场合中帮助或替代人类完成工作[1]。与其他类型的机器人相比，人形机器人更加灵活，通常采用双脚直立行走的方式移动，使其可以更好地适应复杂的现实环境，并与人类一起协作工作[2]。它的设计不仅在外观上接近人类，还力求在功能和操作方式上接近人类水平，以便在各种应用场景中表现出色。

这个领域的研究需要多学科的结合，比如机械工程、控制理论、人工智能、材料科学、电子技术和仿生学等[3]。正因为需要这么多学科的知识，研究人形机器人不仅推动了人形机器人技术的进步，还促进了相关领域的发展，也可以说是衡量一个国家科技实力的重要标志[4]。为了让人形机器人像人一样行动，科学家们还需要深入研究人体的结构和动作原理[5]。这不仅有助于制造出更贴合人类运动方式的人形机器人，还能进一步帮助人们理解人体的运动规律。

在人形机器人的研究中，关键技术的突破至关重要。例如，如何让人形机器人感知环境并做出反应，如何优化驱动系统和传动装置，以及如何通过先进的控制算法和人工智能技术提升人形机器人的自主能力。这些技术的进步，不仅让人形机器人变得更加智能和实用，还推动了相关领域的发展。未来，人形机器人可能在医疗康复、家庭服务、教育辅助甚至灾害救援等方面发挥更大的作用，为社会带来更多的便利和可能性。

## 1.2　人形机器人的发展现状

人形机器人是当今科技发展中备受瞩目的领域。各国的研究机构和大学都非常重视这一技术，因为它不仅是智能机器人领域的核心技术，还反映了一个国家在高科技领域的整体实力[6-8]。在一些发达国家，政府和企业将人形机器人视为科技发展的关键环节，不仅制定了专门的研究计划，还投入了大量资金和资源，推动这项技术的发展和实际应用[9]。

目前，人形机器人研究涉及多个方向，比如如何让机器人更灵活地运动、更加智能地感知环境，以及更好地与人类互动。不同国家在研究中也展现了各自的研究特色。其中，欧美和日韩的技术成果更为突出，推出了不少先进的人形机器人产品[10-14]。相比之下，我国在这一领域起步稍晚，但随着经济发展和对科技的持续投入，近几年也取得了不少成果。国内的科研团队不断努力，不仅解决了许多技术难题，还研发出了一些性能优越的产品。

### 1.2.1　国外人形机器人的发展现状

#### （1）日本

日本在人形机器人领域的研究可以说是全球的先驱。早在1967年，早稻田大学的加藤一郎教授就研发了双足机器人WL-1。1973年，他的团队推出了世界上最早的人形机器人WABOT-1，如图1.1所示。这个人形机器人不仅外形与人相似，还具备视觉识别、语音交流和触觉感知能力。它能看东西、听人说话、用自己的声音回应，还能用双脚走路、用双手搬东西。

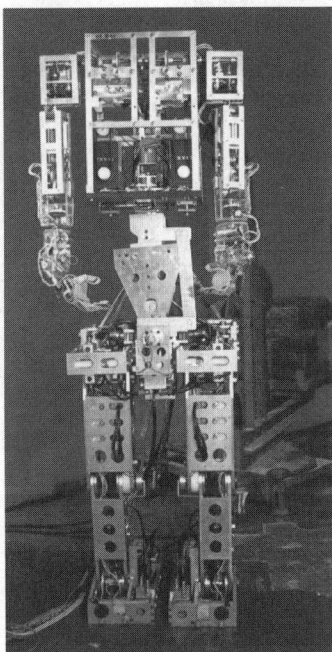

图1.1　WABOT-1人形机器人

后来，早稻田大学继续升级技术，推出了WABIAN系列人形机器人[15]，相比WABOT-1在外观和性能上都有很大提升，如图1.2所示。

1986年，本田公司也加入了人形机器人研究的队伍，相继发布了E系列、P系列和功能更强大的ASIMO，如图1.3所示。ASIMO这款人形机器人不仅能走路，还可以跑步、上楼梯、下楼梯和跳舞等。ASIMO还配备了各种先进的传感器，可以识别周围的人和物体，功能非常强大[16, 17]。

1998年，日本政府启动了国家级人形机器人研究工程（humanoid

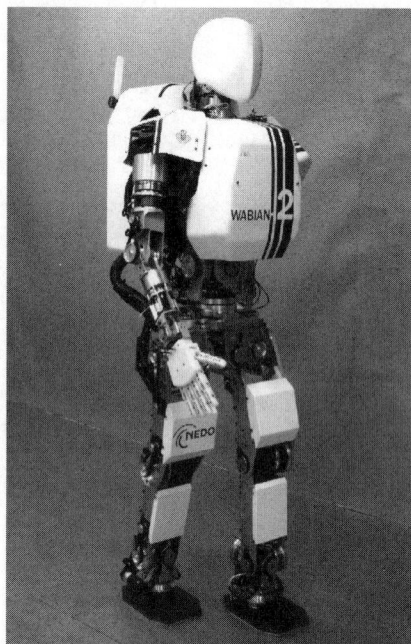

图1.2 WABIAN-2人形机器人

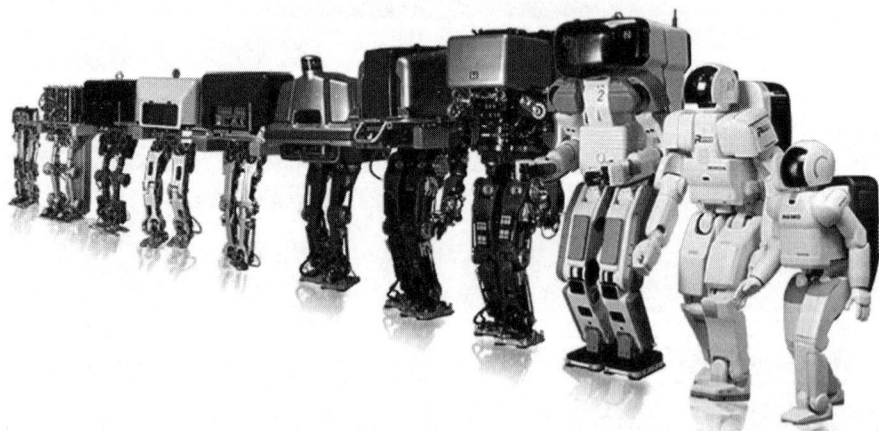

图1.3 本田公司研制的人形机器人

robot project，HRP），旨在研发能胜任工厂作业及家庭和办公服务的人形机器人[18]。在这个项目的支持下，HRP系列人形机器人逐渐诞生[19-21]。比如，HRP-2人形机器人可以在不平坦的地面上保持平衡[22]，HRP-4人形机器人设计得更轻便、省电且操作能力更强，2018年推出的HRP-5人形机器人则进一步优化了操作性能，如图1.4所示。

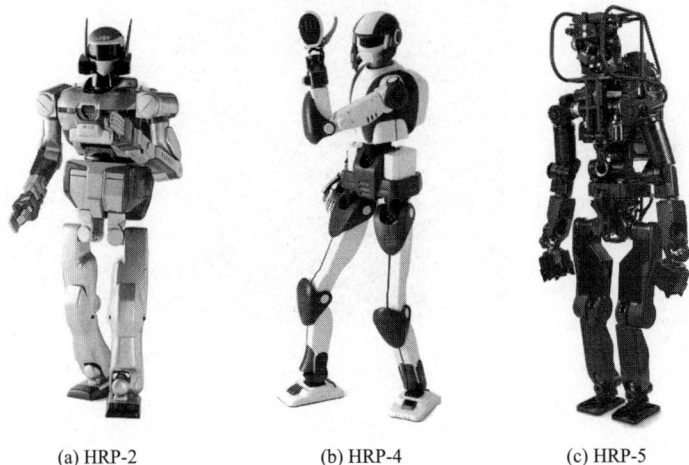

(a) HRP-2　　　　　　(b) HRP-4　　　　　　(c) HRP-5

图1.4　HRP系列人形机器人

2017年，东京大学开发了一个特别的人形机器人，叫Kengoro，如图1.5所示。与传统人形机器人不同，这款人形机器人以人体生理为设计基础，模仿人体的肌肉-骨骼结构，帮助研究人体运动机制[23-26]。Kengoro人形机器人能够完成很多高难度的动作，比如俯卧撑、仰卧起坐等。不过，它复杂的设计也带来了更大的控制难度。

**（2）美国**

美国在人形机器人研究领域同样走在前列。早在20世纪80年代，

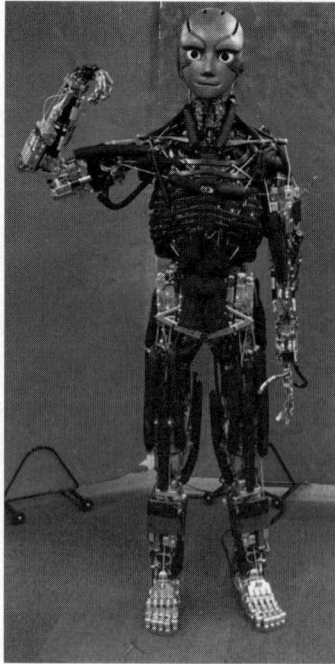

图1.5　Kengoro人形机器人

Marc Raibert就在卡内基梅隆大学和麻省理工学院带领团队研究腿足机器人。他们开发了许多单腿、双足和四足机器人，探索如何让机器人像人一样跑跳[27, 28]。例如，1985—1990年，他的团队研制了一款二维双足机器人，如图1.6所示，用于验证单腿控制算法的可推广性。

　　随后，他们又开发了一款三维双足机器人，如图1.7所示，能够支持跳跃和奔跑等高动态动作。

　　后来，Marc Raibert创办了波士顿动力公司，进一步推动双足和人形机器人的发展。2009年，该公司发布了PETMAN双足机器人[29]，如图1.8所示。它采用液压驱动和关节力矩控制技术，能够实现快速稳定的拟人化行走。

　　基于这一技术，波士顿动力公司随后推出了Pet-Proto人形机器人和Atlas人形机器人[30-33]，如图1.9和图1.10所示。Atlas的设计尤为先进，具备极高的运动灵活性，能完成后空翻、跳跃、翻滚等高难度动作，展现了优异的动态能力。

图1.6　二维双足机器人

图1.7　三维双足机器人

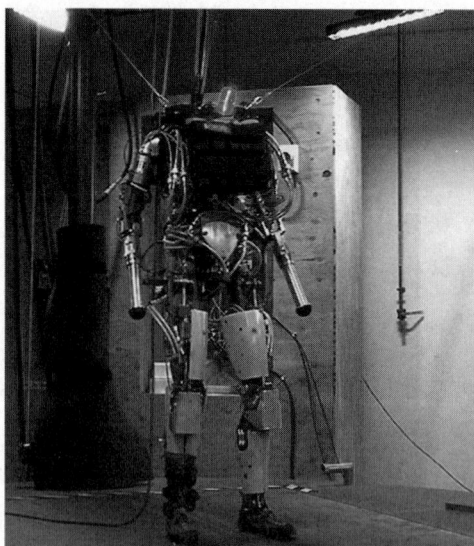

图1.8　PETMAN双足机器人

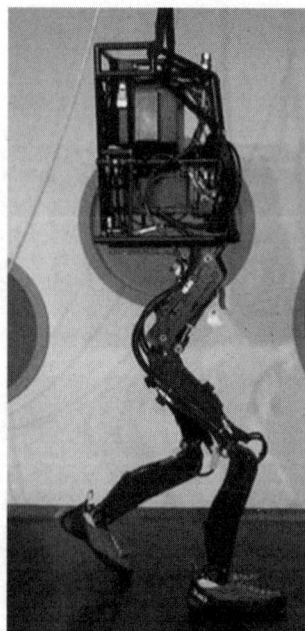

图1.9　Pet-Proto人形机器人

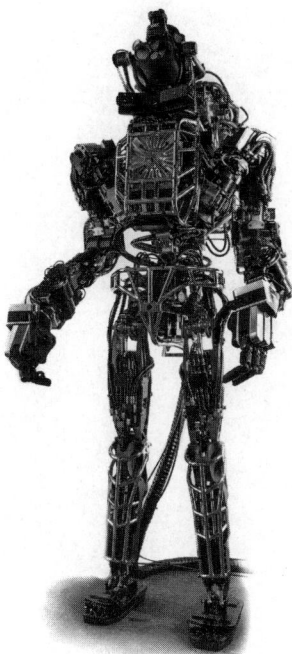

图1.10 Atlas人形机器人

除了波士顿动力公司，美国其他研究机构也在发力。比如，人类与机器认知研究所开发的M2V2人形机器人，如图1.11所示，能够在受到干扰时恢复平衡和调整姿态[34]。

美国国家航空航天局（National Aeronautics and Space Administration, NASA）2013年研发出服务于空间站的人形机器人Valkyrie[35-37]。如图1.12所示，该人形机器人具备简单行走、跨越障碍和操作工具的能力，但目前因为重量和算法问题，进展还比较慢。NASA正与麻省理工学院合作优化控制系统。

俄勒冈州立大学在人形机器人研究方面也贡献了不少力量。2015年，他们推出了ATRIAS双足机器人，如图1.13所示。该机器人能够高效行走，并抵抗外界干扰[38, 39]。

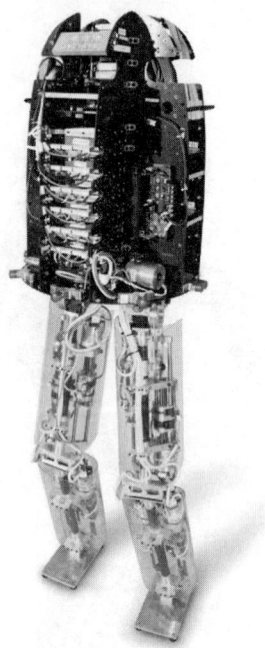

图1.11 M2V2人形机器人

图1.12 Valkyrie人形机器人

图1.13　ATRIAS双足机器人

2017年，Agility Robotics基于ATRIAS推出了更强大的Cassie人形机器人，如图1.14所示。Cassie人形机器人不仅可以稳定站立，还能在野外行走、下蹲起立，甚至能骑平衡车[40-42]。

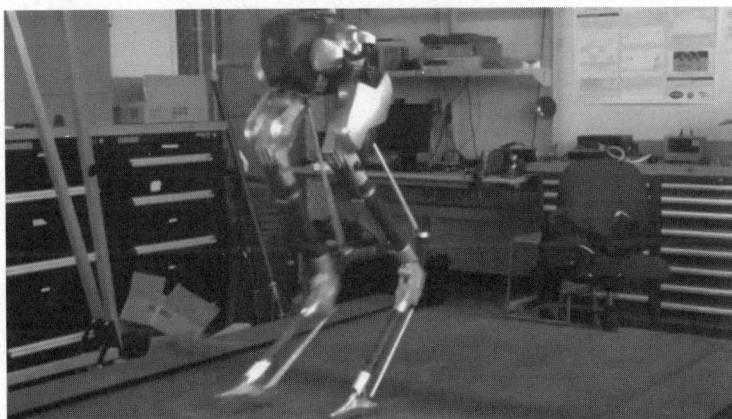

图1.14　Cassie人形机器人

### （3）其他国家

韩国科学技术院自2000年起，投入大量精力开发人形机器人[43-45]。其中以HUBO系列最为著名，如图1.15所示。HUBO机器人体型小巧却功能强大。它不仅能识别人类语音，还能发出合成声音。更有趣的是，它的双眼可以独立活动，具备先进的视觉功能，可以灵活地观察周围环境。

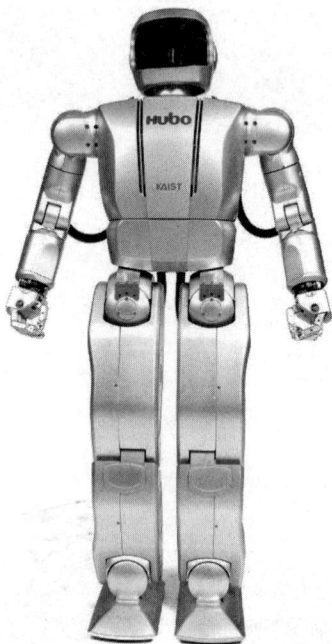

图1.15　HUBO人形机器人

欧洲在开发人形机器人方面同样不甘示弱，涌现了许多创新成果[46-48]。德国航空太空中心实验室是欧洲最顶尖的机器人研究机构之一。2013年，他们推出了一款名为TORO的人形机器人，如图1.16所示。TORO人形机器人的四肢设计借鉴了工业机械臂，不仅能实现精确的力矩控制，还可以感知外部施加的力量。它的柔性关节设计大幅提升了安全性，即使在与人互动时也不容易对人造成伤害。

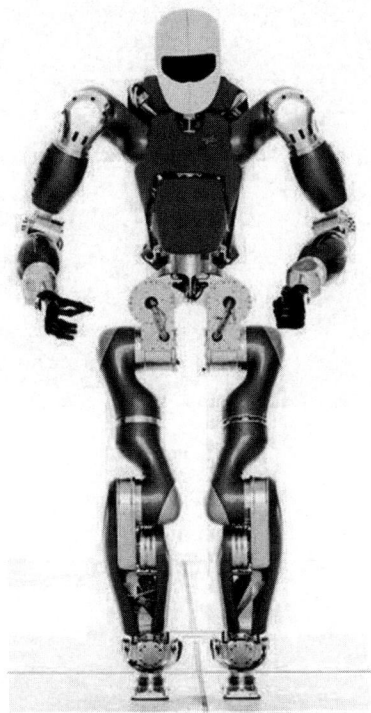

图1.16 TORO 人形机器人

意大利理工学院也在人形机器人研究上有卓越表现[49, 50]。他们开发的COMAN人形机器人如图 1.17 所示。该人形机器人通过电机可实现精准的关节力矩控制。

接着，他们又推出了更强大的Walk-man人形机器人[51, 52]。如图 1.18 所示，这款人形机器人配备了高功率电机驱动器和弹性关节。同时，研究团队对其身体架构进行了优化，以降低质量和惯性，让它能更快、更灵活地完成动态动作。

图1.17　COMAN人形机器人

图1.18　Walk-man人形机器人

## 1.2.2　国内人形机器人的发展现状

与国外相比，中国在研究人形机器人方面起步较晚，目前仍在不断追赶。不过，随着改革开放带来的经济增长和技术投入，这一领域也取得了不小的突破。特别是在社会各界的支持下，国内的高校、科研机构以及企业都参与到了人形机器人的研发中，并涌现出许多亮点。其中，国防科技大学和哈尔滨工业大学是较早开展这项研究的两所高校[53-55]。

国防科技大学从1988年起就开始了双足机器人的研究，相继研制出了可以实现二维平面运动和三维空间运动的机器人。2000年，他们推出了"先行者"人形机器人，这标志着技术上的一次飞跃，如图1.19所示。到

图1.19　先行者

了2003年，团队发布了Blackmann人形机器人[53]。

哈尔滨工业大学从1985年起开始研发HIT系列人形机器人。他们不仅研究了新的人形机器人关节结构，还在微小型伺服控制器上取得了突破[54, 56]。这些技术进步为HIT系列人形机器人奠定了坚实基础。目前，这些人形机器人已经能够完成多种复杂动作，比如前进、后退、上楼梯和下楼梯。

清华大学在2002年研制了一款名为THBIP-Ⅰ的人形机器人[55, 57]，如图1.20所示，这款人形机器人能够实现平地稳定行走、上台阶和下台阶等基本动作。为了让人形机器人更加便携和灵活，研究团队随后推出了小型化版本THBIP-Ⅱ[58]。这款小型人形机器人尽管体型小巧，但在性能上依然稳定。2006年，清华大学进一步研发了一款THR-Ⅰ机器人。

图1.20　THBIP-Ⅰ人形机器人

北京理工大学在2002年开始进入人形机器人领域，研发了一系列BHR人形机器人[59]。如图1.21所示，该人形机器人不仅能稳稳地在平地行走，还具备更复杂的动作能力，比如跳舞、打太极，甚至表演刀术[59]，为人形机器人增添了更多实际应用的可能性。

图1.21 BHR-5人形机器人

国内其他高校也积极开展了人形机器人研究。例如上海大学、南京航空航天大学、华中科技大学和浙江大学等高校都在这一领域进行了探索。这些高校的努力大大推动了国内人形机器人技术的进步。与此同时，国内的机器人企业也不甘示弱，推出了许多优秀产品。比如，乐聚机器人技术有限公司的Talos、优必选科技公司的Alpha 1S以及北京钢铁侠科技有限公司的人形机器人。

整体来看，国内的人形机器人研发受到了日本技术的显著影响，研究思路与日本有不少相似之处。不过，随着技术的积累和创新，国内的人形机器人逐渐形成了自己的特色，未来发展前景广阔。

## 1.3  人形机器人的关键技术

人形机器人具有多学科交叉属性，涉及人工智能、控制理论、机械工程等多个领域。因此，它的发展与上述学科密切相关。其中的基础理论与关键技术涉及运动学与动力学、稳定性判据、步态规划、机械手运动控制、智能交互和安全通信等。本书将从这些方面介绍人形机器人的相关知识。

### 1.3.1  运动学与动力学

人形机器人能够灵活地完成各种任务，离不开其强大的运动能力。可以说，运动能力是人形机器人实现各种功能的基础。为了更好地描述和控制人形机器人的运动状态，相关研究分为两个重要部分：运动学和动力学。其中，运动学的重点是研究人形机器人运动状态的描述和计算，而动力学则研究运动状态和产生运动的驱动力之间的关系。这两者共同构成人形机器人基础理论的重要部分[60-62]。

在人形机器人执行任务时，末端执行器的具体位置和姿态，即"位姿"，是最需要关注的。然而，人形机器人驱动通常是通过对各个关节施加驱动力或力矩来实现的。因此，要精确控制人形机器人运动，必须弄清楚末端执行器位姿与关节角度之间的对应关系。这部分内容正是运动学研究的重点。运动学主要包括正运动学和逆运动学两个方向。正运动学是已知各关节的角度，通过计算得到末端执行器的位姿。逆运动学是已知末端执行器的位姿，反过来求解实现这种位姿所需的关节角度。无论人形机器人完成何种复杂动作，正运动学和逆运动学的计算都不可或缺。

相比运动学，动力学更进一步，它探讨了运动状态与驱动力或力矩之间的转换关系。动力学的核心任务是通过计算驱动力来预测运动状态，或者根据给定的运动状态计算所需的驱动力。这也分为两类：正动力学是根据驱动力或力矩计算系统的加速度，进而得到末端执行器的运动状态；逆动力学是根据当前的运动状态，推导出各个关节所需的驱动力或力矩。动力学计算是人形机器人动作控制中的关键。

总体来看，运动学关注"人形机器人如何动起来"，而动力学则聚焦"让人形机器人动起来需要施加多大的力"。两者相辅相成，共同奠定了人形机器人运动控制的理论基础。

本书第2章将介绍人形机器人运动学和动力学的相关知识。

## 1.3.2 步行稳定性判据

行走的稳定性是人形机器人研究的核心问题之一[63, 64]。与其他形式的机器人相比，人形机器人与地面的接触面积较小，天生就面临较大的重心平衡挑战。这种特性使得如何让人形机器人既能稳稳地行走，又能在能耗和速度上做到高效，成为研究者们需不断钻研的重点问题。要解决这个问题，首先必须建立科学、可靠的稳定性判据。稳定性判据的作用，就好比是"衡量人形机器人站得稳不稳"的标尺。它不仅为人形机器人的步态规划提供理论依据，也在运动控制中起到指导作用。

稳定性不仅是让人形机器人站稳、走稳的基础，更是实现快速、高效行走的前提。一个稳定性判据的建立，不仅能够帮助人形机器人应对复杂环境，还为其进一步完成如奔跑和攀爬等高难度任务，奠定了基础。

本书第3章将详细地介绍零力矩点稳定性判据、基于庞加莱回归映射的稳定性判据和质心角动量稳定性判据的原理、计算方法和适用范围。

### 1.3.3 步态规划

步态是指人形机器人在步行时,各关节在空间和时间上的一种协调运动关系[65-67]。换句话说,步态规划就是为人形机器人的行走设计一套"动作剧本",确保其步伐稳定且流畅。在实际规划中,通常从工作空间入手,先设计人形机器人重心和摆动脚的运动轨迹,再通过逆运动学计算出关节可以执行的运动轨迹。人形机器人采用双腿交替摆动的方式行走,这种设计赋予了它比轮式机器人更高的灵活性,但也带来了更大的复杂性。特别是,人形机器人需要在时间和空间上生成连续的关节运动轨迹,同时保证行走的稳定性,这对其步态规划提出了很高的要求。

人类和双足动物的行走模式为人形机器人的步态规划提供了许多灵感。一些研究者从仿生学出发,通过动作捕捉技术获取人体的运动数据,提炼出复杂的动作机理,并尝试将这些模式应用于人形机器人。然而,受限于当前人形机器人技术的发展,人形机器人在驱动方式、动力学特性以及质量分布等方面与人类存在较大差异,直接将仿生运动模式移植到人形机器人上效果并不理想。为解决这一问题,研究者常对人形机器人进行简化,将其复杂的动力学系统降阶或解耦为简单模型,再基于这些模型进行步态规划。常见的简化模型包括:连杆模型、倒立摆模型和车-桌模型。近年来,由于人工智能算法具有自学习和自适应的特点,可以帮助人形机器人根据环境变化动态调整步态,其在人形机器人步态规划中也得到了广泛应用。

步态规划是人形机器人实现稳定行走的关键环节。结合简化模型和人工智能技术的方法,不仅丰富了步态规划的研究手段,也使人形机器人能够更好地适应多样化的应用场景。

本书第4章将详细介绍基于简化模型的步态规划方法和基于人工智能算法的步态规划方法。

### 1.3.4　机械手运动控制

机械手是人形机器人中非常关键的组成部分，它不仅是人形机器人执行精细操作的重要工具，也是实现各种任务的核心。无论是精准抓取、灵巧操作，还是复杂的轨迹规划，机械手的运动控制技术都发挥着至关重要的作用[68, 69]。机械手的运动离不开驱动系统的支持，目前常见的驱动方式有电机驱动、液压驱动、气动驱动和形状记忆合金驱动。在机械手的运动控制中，轨迹规划是一个非常重要的环节，关系到机械手在空间中的运动路径和操作效率。根据规划空间的不同，轨迹规划可以分为关节空间轨迹规划和笛卡儿空间轨迹规划。在不同的工作环境中，机械手的控制方式也有所不同，主要包括自由空间控制和约束空间控制。

机械手的运动控制技术是人形机器人实现复杂操作能力的基础。从驱动方式到轨迹规划，再到控制策略，每一步都至关重要，直接决定了机械手的性能。

本书第5章将详细介绍人形机器人机械手运动控制中的驱动方法、轨迹规划和控制方法等内容。

### 1.3.5　智能交互

随着人工智能技术的迅猛发展，人形机器人在智能交互领域的应用日益广泛[70]。人形机器人不仅具备了复杂的感知和运动能力，还逐步发展出与人类进行自然交互的能力。为了实现这一目标，智能交互系统在其中起到了至关重要的作用。智能交互系统能够让人形机器人感知和理解人类的意图，并做出相应的反馈，从而使人机交互更加流畅、自然[71]。

在智能交互系统中，生物电信号的应用尤为引人注目[72]。通过对这些信号的采集和分析，系统能够解码出用户的意图，并据此控制人形机器人的行为。这种基于生物电信号的交互方式不仅能够实现更高精度的控制，还能够在一定程度上减轻用户的负担，提升交互体验。

智能交互技术的进步，使得人形机器人能够更好地适应复杂多变的环境，并在更多场景中发挥作用。

本书第6章将深入探讨生物电信号的特性、处理技术及其在智能交互系统中的具体应用。

## 1.3.6 安全通信

通信是人形机器人与外界交互的桥梁。无论是接收控制指令，还是上传传感器数据，安全、可靠的通信技术都是人形机器人运行中不可或缺的一部分。特别是在信息安全愈发受到关注的今天，如何确保通信的保密性和可靠性，成为人形机器人领域的重要课题[73]。

当前，人形机器人常用的通信技术主要有Wi-Fi技术和蓝牙技术。然而，无论是哪种通信方式，都不可避免地面临各种安全挑战。数据在传输过程中可能会受到截获、篡改或伪造的威胁，导致人形机器人在执行任务时出现故障或异常行为。为了应对这些潜在的安全风险，人形机器人需要采用全面而有力的信息保护措施，包括信息加密技术、身份认证技术和访问控制技术。

安全通信是人形机器人稳定运行的重要保障。从通信技术的选择到安全防护的实施，每一步都关系到机器人系统的可靠性。

本书的第7章将详细介绍人形机器人通信方案和人形机器人安全通信技术。

## 1.4 本书各章节内容安排

为帮助读者全面了解人形机器人的关键技术，本书共分为七章，每一章都围绕某一核心主题展开，循序渐进地解析人形机器人技术。以下是本书第2章至第7章的内容安排。

第2章为人形机器人运动学与动力学建模，重点介绍人形机器人运动的基础理论，系统讲解运动学和动力学建模方法。从正运动学到逆运动学的详细推导，再到动力学方程的建立与分析，帮助读者理解人形机器人运动控制背后的规律和逻辑。

第3章为人形机器人步行稳定性判据，详细介绍多种步行稳定性判据，包括零力矩点判据、基于庞加莱回归映射的判据及质心角动量判据。深入解析这些稳定性判据的基本概念、计算方法及其适用范围，探究这些稳定性判据的局限性，为人形机器人稳定性研究提供全面参考。

第4章为人形机器人行走步态规划，详细介绍基于简化模型的步态规划方法，包括连杆模型、倒立摆模型和车-桌模型。接着，探讨基于人工智能技术的步态规划方法，如模糊控制算法、神经网络算法和遗传算法。最后，还讨论了其他具有前瞻性的人形机器人步态规划方法。

第5章为人形机器人机械手运动控制，主要讨论人形机器人机械手的驱动方式、轨迹规划和控制方法。首先介绍电机驱动、液压驱动、气压驱动和形状记忆合金驱动四种驱动方式。然后，详细探讨了关节空间和笛卡儿空间的轨迹规划方法。最后，分析了自由空间和约束空间下的控制技术。

第6章为人形机器人智能交互，详细探讨基于生物电信号的人形机器人智能交互系统的实现方法，包括生物电信号的获取、处理与识别，并结合实验数据探讨了智能交互系统的性能评估与优化方法，为人形机器人智能交互的研究提供实践参考。

第7章为人形机器人安全通信，介绍人形机器人的通信方案，包括Wi-Fi技术和蓝牙技术。深入探讨信息加密、身份认证及访问控制等安全通信技术，以确保人形机器人在信息传输过程中免受攻击和干扰。

## 参考文献

[1] Lee K, Young-Jae R. Study on Performance Motion Generation of Humanoid Robot[J]. International Journal of Fuzzy Logic and Intelligent Systems, 2020, 20（1）: 52-59.

[2] Masuya K, Ayusawa K. A Review of State Estimation of Humanoid Robot Targeting the Center of Mass, Base Kinematics, and External Wrench[J]. Advanced Robotics, 2020, 34（21-22）: 1380-1389.

[3] Hwang Y L, Chen C H, Hwang S J, et al. The Dynamic Analysis of Humanoid Robot System[C]. Proceedings of the International Conference on Mechatronics, Robotics and Automation, 2013, 242-245.

[4] Subburaman R, Kanoulas D, Tsagarakis N, et al. A Survey on Control of Humanoid Fall Over[J]. Robotics and Autonomous Systems, 2023, 166: 104443.

[5] Darvish K, Penco L, Ramos J, et al. Teleoperation of Humanoid Robots: A Survey[J]. IEEE Transactions on Robotics, 2023, 39（3）: 1706-1727.

[6] Trovato G, Ricotti L, Laschi C, et al. The Italy-Japan Workshop: A History of Bilateral Cooperation, Pushing the Boundaries of Robotics[J]. IEEE Robotics & Automation Magazine, 2021, 28（3）: 150-162.

[7] Pratt J E, Neuhaus P, Johnson M, et al. Towards Humanoid Robots for Operations in Complex Urban Environments[C]. Proceedings of the Conference on Unmanned Systems Technology XII, 2010: 769212.

[8] Wonsick M, Padir T. Human-Humanoid Robot Interaction through Virtual Reality Interfaces[C]. Proceedings of the IEEE Aerospace Conference, 2021: 1-7.

[9] Shiguematsu Y M, Kryczka P, Hashimoto K, et al. Heel-Contact Toe-Off Walking Pattern Generator Based on the Linear Inverted Pendulum[J]. International Journal of Humanoid Robotics, 2016, 13（1）: 1650002.

[10] Bogue R. Humanoid Robots From the Past to the Present[J]. Industrial Robot-the International Journal of Robotics Research and Application, 2020, 47（4）: 465-472.

[11] Dallard A, Benallegue M, Kanehiro F, et al. Synchronized Human-Humanoid Motion Imitation[J].

IEEE Robotics and Automation Letters, 2023, 8（7）: 4155-4162.

［12］Shimizu S, Ayusawa K, Venture G. Fast Direct Optimal Control for Humanoids Based on Dynamics Representation in FPC Latent Space［J］. IEEE Robotics and Automation Letters, 2024, 9（4）: 3823-3830.

［13］Paz A, Arechavaleta G. Humanoid Trajectory Optimization with B-Splines and Analytical Centroidal Momentum Derivatives［J］. International Journal of Humanoid Robotics, 2024, 21（02）: 1-28.

［14］Henze B, Roa M A, Ott C. Passivity-Based Whole-Body Balancing for Torque-Controlled Humanoid Robots in Multi-Contact Scenarios［J］. International Journal of Robotics Research, 2016, 35（12）: 1522-1543.

［15］Ogura Y, Aikawa H, Shimomura K, et al. Development of a New Humanoid Robot WABIAN-2 ［C］. Proceedings of the IEEE International Conference on Robotics and Automation, 2006, 76-81.

［16］Kusuda Y. The Humanoid Robot Scene in Japan［J］. Industrial Robot, 2002, 29（5）: 412-419.

［17］Hirose M, Ogawa K. Honda Humanoid Robots Development［J］. Philosophical Transactions of the Royal Society A-Mathematical Physical and Engineering Sciences, 2007, 365（1850）: 11-19.

［18］Kaneko K, Kanehiro F, Kajita S, et al. Humanoid Robot HRP-2［C］. Proceedings of the IEEE International Conference on Robotics and Automation, 2004: 1083-1090.

［19］Yokoi K, Kanehiro F, Kaneko K, et al. Experimental Study of Biped Locomotion of Humanoid Robot HRP-1S［C］. Proceedings of the 8th International Symposium on Experimental Robotics, 2003: 75-84.

［20］Kaneko K, Harada K, Kanehiro F, et al. Humanoid Robot HRP-3［C］. Proceedings of the IEEE/ RSJ International Conference on Intelligent Robots and Systems, 2008: 2471-2478.

［21］Akachi K, Kaneko K, Kanehira N, et al. Development of humanoid robot HRP-3P［C］. Proceedings of the 5th IEEE/RAS International Conference on Humanoid Robots, 2005: 50-55.

［22］Kaneko K, Morisawa M, Kajita S, et al. Humanoid Robot HRP-2Kai-Improvement of HRP-2 towards Disaster Response Tasks［C］. Proceedings of the 15th IEEE-RAS International Conference on Humanoid Robots, 2015: 132-139.

［23］Asano Y, Kozuki T, Ookubo S, et al. Human Mimetic Musculoskeletal Humanoid Kengoro toward Real World Physically Interactive Actions［C］. Proceedings of the 16th IEEE-RAS International Conference on Humanoid Robots, 2016: 876-883.

［24］Asano Y, Nakashima S, Kozuki T, et al. Human Mimetic Foot Structure with Multi-DOFs and Multi-sensors for Musculoskeletal Humanoid Kengoro［C］. Proceedings of the IEEE/RSJ International Conference on Intelligent Robots and Systems, 2016: 2419-2424.

［25］Asano Y, Okada K, Inaba M. Design Principles of a Human Mimetic Humanoid: Humanoid Platform to Study Human Intelligence and Internal Body System［J］. Science Robotics, 2017, 2（13）: eaaq0899.

［26］Kawaharazuka K, Nishiura M, Koga Y, et al. Automatic Grouping of Redundant Sensors and Actuators Using Functional and Spatial Connections: Application to Muscle Grouping for Musculoskeletal Humanoids［J］. IEEE Robotics and Automation Letters, 2021, 6（2）: 1981-1988.

［27］Xing B Y, Liu Y F, Wang Z R, et al. Design of the Anti-disturbance Virtual Model Controller for Quadruped Robot［C］. Proceedings of the 33rd Chinese Control and Decision Conference, 2021: 4359-4365.

［28］ Ye L Q, Wang X Q, Liu H D, et al. Symmetry in Biped Walking［C］. Proceedings of the IEEE International Conference on Systems, Man, and Cybernetics, 2021: 113-118.

［29］ Sakai S, Maeshima Y. A New Method for Parameter Identification for N-DOF Hydraulic Robots［C］. Proceedings of the IEEE International Conference on Robotics and Automation, 2014: 5983-5989.

［30］ Atmeh G, Subbarao K. A Neuro-Dynamic Walking Engine for Humanoid Robots［J］. Robotics and Autonomous Systems, 2018, 110: 124-138.

［31］ Koolen T, Bertrand S, Thomas G, et al. Design of a Momentum-Based Control Framework and Application to the Humanoid Robot Atlas［J］. International Journal of Humanoid Robotics, 2016, 13( 1 ): 1650007.

［32］ Khokar K, Beeson P, Burridge R. Implementation of KDL Inverse Kinematics Routine on the Atlas Humanoid Robot［C］. Proceedings of the International Conference on Information and Communication Technologies, 2015: 1441-1448.

［33］ Kuindersma S, Deits R, Fallon M, et al. Optimization-Based Locomotion Planning, Estimation, and Control Design for the Atlas Humanoid Robot［J］. Autonomous Robots, 2016, 40 ( 3 ): 429-455.

［34］ Pratt J, Koolen T, De Boer T, et al. Capturability-Based Analysis and Control of Legged Locomotion, Part 2: Application to M2V2, a Lower-Body Humanoid［J］. International Journal of Robotics Research, 2012, 31 ( 10 ): 1117-1133.

［35］ Radford N A, Strawser P, Hambuchen K, et al. Valkyrie: NASA's First Bipedal Humanoid Robot ［J］. Journal of Field Robotics, 2015, 32 ( 3 ): 397-419.

［36］ Fallon M. Perception andEstimation Challenges for Humanoid Robotics: DARPA Robotics Challenge and the NASA Valkyrie［C］. Proceedings of the Conference on Unmanned/Unattended Sensors and Sensor Networks XII, 2016: 998602.

［37］ Wang M Z, Wonsick M, Long X C, et al. In-situ Terrain Classification and Estimation for NASA's Humanoid Robot Valkyrie［C］. Proceedings of the IEEE/ASME International Conference on Advanced Intelligent Mechatronics, 2020: 765-770.

［38］ Grimes J A, Hurst J W. The Design of Atrias 1.0 a Unique Monopod, Hopping Robot［C］. Proceedings of the 15th International Conference on Climbing and Walking Robots and the Support Technologies for Mobile Machines, 2012: 548-554.

［39］ Hubicki C, Grimes J, Jones M, et al. ATRIAS: Design and Validation of a Tether-Free 3D-Capable Spring-Mass Bipedal Robot［J］. International Journal of Robotics Research, 2016, 35 ( 12 ): 1497-1521.

［40］ Gong Y K, Hartley R, Da X Y, et al. Feedback Control of a Cassie Bipedal Robot: Walking, Standing, and Riding a Segway［C］. Proceedings of the American Control Conference, 2019: 4559-4566.

［41］ Hereid A, Harib O, Hartley R, et al. Rapid Trajectory Optimization Using C-FROST with Illustration on a Cassie-Series Dynamic Walking Biped［C］. Proceedings of the IEEE/RSJ International Conference on Intelligent Robots and Systems, 2019: 4722-4729.

［42］ Xiong X B, Ames A D. Bipedal Hopping: Reduced-Order Model Embedding via Optimization-Based Control［C］. Proceedings of the 25th IEEE/RSJ International Conference on Intelligent Robots and Systems, 2018: 3821-3828.

[ 43 ] Park I W, Kim J Y, Lee J G, et al. Mechanical Design of the Humanoid Robot Platform, HUBO [ J ]. Advanced Robotics, 2007, 21 ( 11 ): 1305-1322.

[ 44 ] Kim J Y, Lee J, Oh J H. Experimental Realization of Dynamic Walking for a Human-Riding Biped Robot, HUBOFX-1 [ J ]. Advanced Robotics, 2007, 21 ( 3-4 ): 461-484.

[ 45 ] Kim J Y, Park I W, Oh J H. Experimental Realization of Dynamic Stair Climbing and Descending of Biped Humanoid Robot, HUBO [ J ]. International Journal of Humanoid Robotics, 2009, 6 ( 2 ): 205-240.

[ 46 ] Englsberger J, Werner A, Ott C, et al. Overview of the Torque-Controlled Humanoid Robot TORO [ C ]. Proceedings of the 14th IEEE-RAS International Conference on Humanoid Robots ( Humanoids ), 2014: 916-923.

[ 47 ] Henze B, Roa M A, Werner A, et al. Experiments with Human-Inspired Behaviors in a Humanoid Robot: Quasi-static Balancing using Toe-off Motion and Stretched Knees [ C ]. Proceedings of the IEEE International Conference on Robotics and Automation, 2019: 2510-2516.

[ 48 ] Henze B, Werner A, Roa M A, et al. Control Applications of TORO - a Torque Controlled Humanoid Robot [ C ]. Proceedings of the 14th IEEE-RAS International Conference on Humanoid Robots ( Humanoids ), 2014: 841-848.

[ 49 ] Colasanto L, Tsagarakis N G, Caldwell D G. A Compact Model for the Compliant Humanoid Robot COMAN [ C ]. Proceedings of the 4th IEEE RAS and EMBS International Conference on Biomedical Robotics and Biomechatronics ( BioRob )/ Symposium on Surgical Robotics, 2012: 688-694.

[ 50 ] Zhou C X, Wang X, Li Z B, et al. Overview of Gait Synthesis for the Humanoid COMAN [ J ]. Journal of Bionic Engineering, 2017, 14 ( 1 ): 15-25.

[ 51 ] Tsagarakis N G, Caldwell D G, Negrello F, et al. WALK-MAN: A High-Performance Humanoid Platform for Realistic Environments [ J ]. Journal of Field Robotics, 2017, 34 ( 7 ): 1225-1259.

[ 52 ] Negrello F, Settimi A, Caporale D, et al. Humanoids at work The WALK MAN Robot in a Postearthquake Scenario [ J ]. IEEE Robotics & Automation Magazine, 2018, 25 ( 3 ): 8-22.

[ 53 ] Wang J, Sheng T, Ma H X, et al. Design and Dynamic Walking Control of Humanoid Robot Blackmann [ C ]. Proceedings of the 6th World Congress on Intelligent Control and Automation, 2006: 8848-8852.

[ 54 ] Cao B S, Gu Y K, Sun K, et al. Development of HIT Humanoid Robot [ C ]. Proceedings of the 10th International Conference on Intelligent Robotics and Applications, 2017: 286-297.

[ 55 ] Shi Z Y, Xu W L, Wen X, et al. Distributed Hierarchical Control System of Humanoid Robot THBIP-1 [ C ]. Proceedings of the 4th World Congress on Intelligent Control and Automation, 2002: 1265-1269.

[ 56 ] Zhong Q B, Pan Q S, Hong B R, et al. Design and Implementation of Humanoid Robot HIT-2 [ C ]. Proceedings of the IEEE International Conference on Robotics and Biomimetics, 2009: 967-970.

[ 57 ] Liu L, Wang J S, Chen K, et al. The Biped Humanoid Robot THBIP-1 [ C ]. Proceedings of the International Workshop on Bio-Robotics and Teleoperation, 2001: 164-167.

[ 58 ] Xia Z Y, Chen K, He Y M, et al. Modeling and Motion Planning of the Infant-Size Humanoid Robot THBIP- Ⅱ [ C ]. Proceedings of the 7th IEEE/RAS International Conference on Humanoid Robots, 2007, 577-582.

[ 59 ] Huang Q, Yang T Q, Liao W X, et al. Historical Development of BHR Humanoid Robots [ C ].

Proceedings of the 6th IFToMM International Symposium on the History of Machines and Mechanisms, 2019: 323-332.

[60] Hasanpour A, Daemy P, Aghazamani M, et al. Kinematic Analysis of Darwin's Humanoid Robot [C]. Proceedings of the 4th International Conference on Control, Instrumentation, and Automation, 2016: 356-361.

[61] Dafarra S, Romualdi G, Pucci D. Dynamic Complementarity Conditions and Whole-Body Trajectory Optimization for Humanoid Robot Locomotion [J]. IEEE Transactions on Robotics, 2022, 38 (6): 3414-3433.

[62] De Lima C R, Khan S G, Tufail M, et al. Humanoid Robot Motion Planning Approaches: A Survey [J]. Journal of Intelligent & Robotic Systems, 2024, 110 (2): 86.

[63] Song H, Peng W Z, Kim J H, et al. Partition-Aware Stability Control for Humanoid Robot Push Recovery [C]. Proceedings of the ASME International Design Engineering Technical Conferences / 42nd Annual Computers and Information in Engineering Conference / 46th Mechanisms and Robotics Conference, 2022: V007T07A038.

[64] Scianca N, De Simone D, Lanari L, et al. MPC for Humanoid Gait Generation: Stability and Feasibility [J]. IEEE Transactions on Robotics, 2020, 36 (4): 1171-1188.

[65] Zhang L, Zhang H Y, Xiao N, et al. Gait Planning and Control Method for Humanoid Robot using Improved Target Positioning [J]. Science China-Information Sciences, 2020, 63 (7): 170210.

[66] Song Z T, Gao L, Hu C H, et al. A Gait Planning Method for Humanoid Robot to Step Over Discrete Terrain [C]. Proceedings of the 5th IEEE International Conference on Advanced Robotics and Mechatronics, 2020: 507-512.

[67] Yao C P, Liu C J, Xia L, et al. Humanoid Adaptive Locomotion Control Through a Bioinspired CPG-Based Controller [J]. Robotica, 2022, 40 (3): 762-779.

[68] Giessler M, Waltersberger B. Hybrid Inverse Kinematics for a 7-DOF Manipulator Handling Joint Limits and Workspace Constraints [C]. Proceedings of the 26th Annual Robot World Cup International Symposium, 2024: 105-116.

[69] Yin M, Shang D Y, Huang B H, et al. Modeling and Control Strategy of Flexible Joint Servo System in Humanoid Manipulator Driven by Tendon-Sheath [J]. Journal of Mechanical Science and Technology, 2022, 36 (5): 2585-2595.

[70] Xiang C Q, Yun T, Li Z W, et al. Humanoid Robot Eyeballs Driven by Bubble Artificial Muscles [J]. Sensors and Actuators A-Physical, 2024, 378: 115744.

[71] Aly A, Tapus A. Towards an Intelligent System for Generating an Adapted Verbal and Nonverbal Combined Behavior in Human-Robot Interaction [J]. Autonomous Robots, 2016, 40 (2): 193-209.

[72] Feng N S, Wang H, Hu F, et al. Humanoid Soft Hand Design Based on sEMG Control [C]. Proceedings of the 9th International Conference on Information Technology in Medicine and Education, 2018: 187-191.

[73] Angelopoulos G, Baras N, Dasygenis M. Secure Autonomous Cloud Brained Humanoid Robot Assisting Rescuers in Hazardous Environments [J]. Electronics, 2021, 10 (2): 124-132.

# 第 2 章
# 人形机器人
# 运动学与动力学建模

## 2.1 概述

人形机器人的运动能力是完成复杂任务的基础，运动学和动力学的研究正是支撑这一能力的关键[1-7]。简单来说，运动学主要研究人形机器人各关节和肢体的运动关系，而动力学则关注人形机器人运动背后的驱动力或力矩[8-11]。这些研究能帮助工程师更好地设计人形机器人结构、规划动作，以及开发控制策略。运动学研究的重点是肢体姿态与关节角度之间的联系，可以分为正运动学和逆运动学两部分。正运动学是从关节角度出发，计算肢体的位置和姿态；而逆运动学则反过来，根据目标肢体位置和姿态，推算需要的关节角度[12-14]。动力学则进一步细分为正动力学和逆动力学。正动力学根据驱动力或力矩计算出人形机器人的运动状态；而逆动力学则是已知运动状态后，反向推导出需要施加的力或力矩[15, 16]。这些理论为人形机器人的设计和控制提供了基础支持。

由于人形机器人具有高自由度、强非线性的特点，其运动学和动力学分析变得复杂且精细。研究者常采用多刚体动力学系统结合数值仿真进行分析[17-19]。运动学分析中涉及坐标系的转换问题，这种坐标变换是人形机器人动作规划的基础，也是理论分析的重要内容。动力学分析会涉及牛顿-欧拉法和拉格朗日法两种经典方法。其中，牛顿-欧拉法相对直观、易理解。总结来看，人形机器人的运动学和动力学研究，既是对其运动规律的理论探索，也是服务于设计、控制和应用的重要工具。本章将对这些核心知识点进行详细介绍，帮助读者理解人形机器人如何实现精准而灵活的运动。

## 2.2 人形机器人的运动学建模

### 2.2.1 人形机器人模型推导

为了构建人形机器人模型，首先需要从解剖学角度分析人体的腿部结构及其功能。人体的下肢主要由脚、小腿和大腿组成。脚通过踝关节与小腿相连，小腿与大腿通过膝关节连接，双腿则通过髋关节与躯干相连。通过对这些解剖结构的简化，可以得出一个简化的下肢模型，如图2.1所示。

人形机器人一般包括两条用于步行的腿、两只用于操作的手臂以及安装控制系统和传感器的躯干等部分[20-22]。为了便于分析，假设人形机器人的各个部分都是质量均匀、形状规则的刚性连杆，且相邻的连杆通过关节连接，同时关节之间不考虑摩擦力的影响。在此基础上，可以将大腿和小腿分别简化为一根连杆，而脚与小腿之间有一定的距离，因此将脚简化为一个倒"T"字形的杆。双臂的摆动有助于抵消偏摆力矩，提高行走时的稳定性，所以手臂可以简化为绕肩关节旋转的连杆。由于双腿和双臂之间有一定的间距，躯干和头部可以简化为一个"士"字形的杆。这样，通过将人形机器人各部分简化为几何形状的连杆和关节，最终得到了如

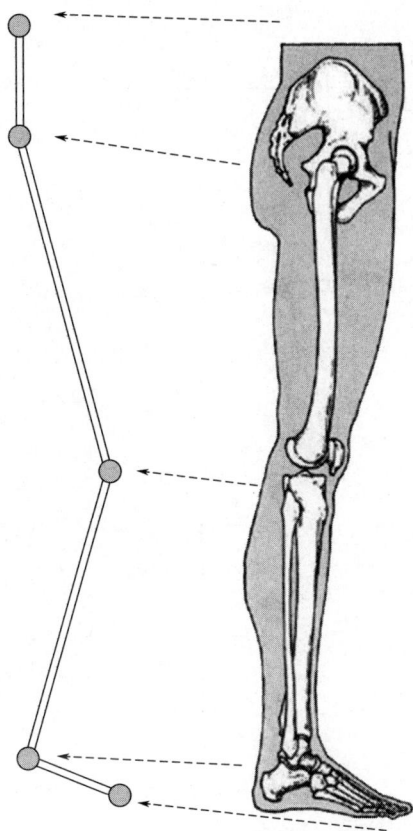

图2.1　简化的下肢模型

图2.2所示的人形机器人的关节-连杆模型。

　　本章仅考虑人形机器人的双腿和双臂的关节自由度，共16个，左右对称分布，如图2.3所示。这些自由度分别为绕不同轴的转动自由度，其中绕$x$轴的是滚动自由度，绕$y$轴的是俯仰自由度，绕$z$轴的是偏摆自由度。根据国内外许多学者的研究，要使人形机器人完成前行、后行、上楼梯和下楼梯等基本动作，下肢至少需要12个自由度，每条腿6个自由度。具体来说，髋关节需要3个自由度，膝关节需要1个自由度，踝关节需要2个自由度。此外，每只手臂还需要2个自由度。

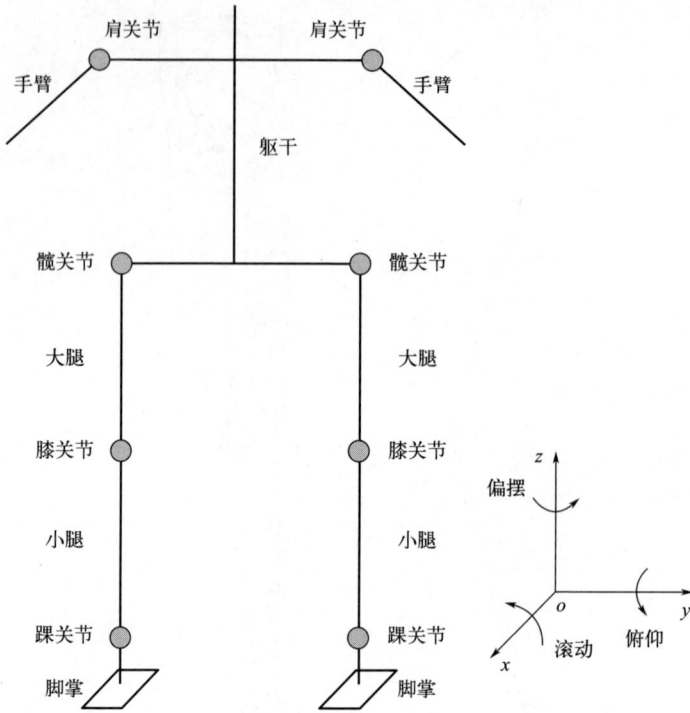

图2.2 关节-连杆模型

人形机器人的运动空间通常是三维的[23-25]。物体在空间中的位置和姿势被称为位姿。要准确表达物体在空间中的姿态，首先需要定义一个基本坐标系，通常称为世界坐标系。为描述人形机器人的步态，将人形机器人静止时双脚后跟的中心设为原点$o$。规定人形机器人前方为$x$轴的正方向，左侧为$y$轴的正方向，竖直向上为$z$轴的正方向。通过这种方式，建立了如图2.4所示的三维世界坐标系。

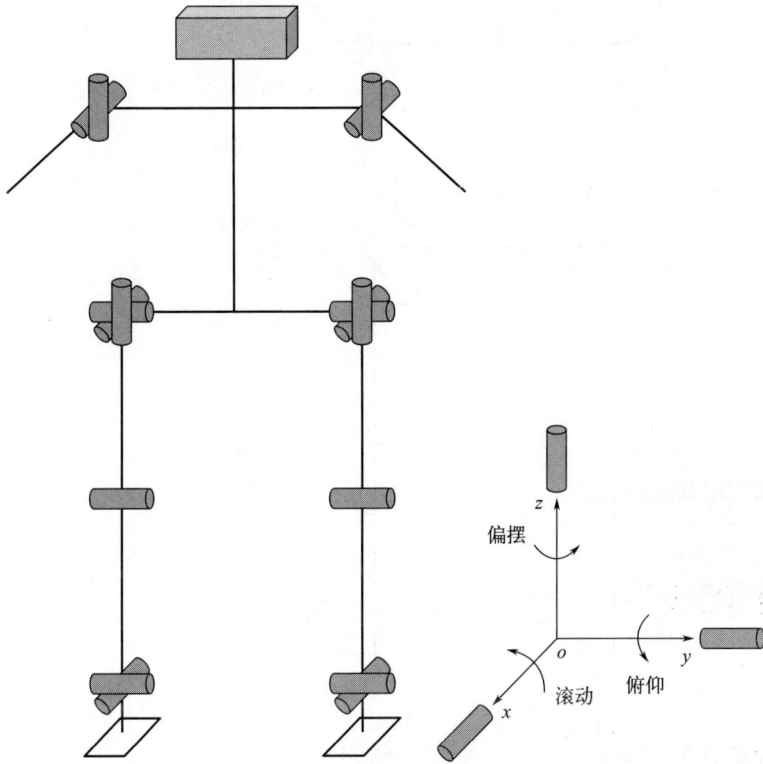

图2.3　自由度配置示意图

## 2.2.2　人形机器人的正运动学建模

人形机器人的正运动学模型通过将每个连杆的运动通过一定的数学关系进行描述，能够分析人形机器人的各部分如何随关节的转动而变化[26, 27]。特别是利用Denavit-Hartenberg（D-H）方法，它将复杂的三维空间旋转和位移转换为较为简单的矩阵形式，从而简化了整个模型的计算和求解过程。这种方法不仅能处理每个连杆之间的空间关系，还能方便地推导出人形机器人在不同动作下的位姿变化[28-30]。本章也基于D-H方法建立人形

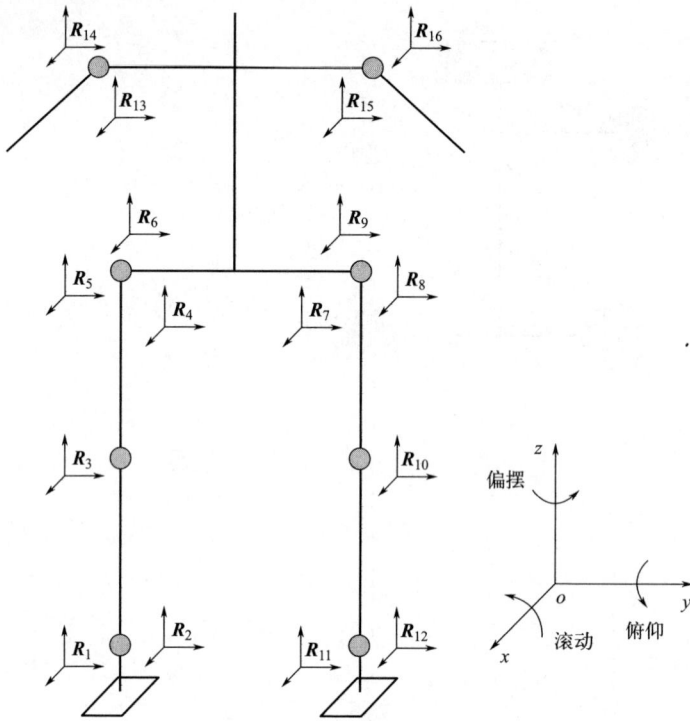

图2.4　坐标系分布

机器人连杆模型的正运动学模型。设人形机器人的连杆 $i$ 绕其局部坐标系的 $x$ 轴的转动角度为 $\theta_x$，绕其局部坐标系的 $y$ 轴的转动角度为 $\theta_y$，绕其局部坐标系的 $z$ 轴的转动角度为 $\theta_z$。同时，这个连杆的局部坐标系原点在其母连杆局部坐标系中的位置向量为 $\boldsymbol{p}=[p_x,p_y,p_z]^{\mathrm{T}}$，则它在其母连杆局部坐标系中的齐次变换矩阵如下：

绕 $x$ 轴转动为：

$$\boldsymbol{T}_x = \begin{bmatrix} \cos\theta_x & -\sin\theta_x & 0 & p_x \\ \sin\theta_x & \cos\theta_x & 0 & p_y \\ 0 & 0 & 1 & p_z \\ 0 & 0 & 0 & 1 \end{bmatrix} \tag{2.1}$$

绕 $y$ 轴转动为：

$$T_y = \begin{bmatrix} \cos\theta_y & 0 & \sin\theta_y & p_x \\ 0 & 1 & 0 & p_y \\ -\sin\theta_y & 0 & \cos\theta_y & p_z \\ 0 & 0 & 0 & 1 \end{bmatrix} \tag{2.2}$$

绕 $z$ 轴转动为：

$$T_z = \begin{bmatrix} 1 & 0 & 0 & p_x \\ 0 & \cos\theta_z & -\sin\theta_z & p_y \\ 0 & \sin\theta_z & \cos\theta_z & p_z \\ 0 & 0 & 0 & 1 \end{bmatrix} \tag{2.3}$$

由式（2.1）~式（2.3）和人形机器人的各关节角度可求出各连杆的位姿。

### 2.2.3　人形机器人的逆运动学建模

逆运动学的任务就是从人形机器人末端的位姿推算出关节的角度[31-34]。这对于人形机器人的运动控制至关重要，尤其是在执行复杂动作时，需要精确控制各个关节的运动状态。以人形机器人右腿为例，根据踝关节、膝关节和髋关节的位姿，通过建立连杆之间的几何关系，逆推每个关节的角度。由于左右腿是对称的，可以通过对称性简化计算。假设右腿踝关节俯仰和滚动角度分别为 $\theta_1$ 和 $\theta_2$，膝关节角度为 $\theta_3$，髋关节的滚动、俯仰和偏摆角度分别为 $\theta_4$、$\theta_5$ 和 $\theta_6$。

如图2.5所示，假定髋部中心 $(p_1, R_1)$ 和踝关节 $(p_7, R_7)$ 的位姿已知，同时定义髋部中心到髋关节的距离为 $W_{hip}$，大腿长度为 $L_{th}$，小腿长度为 $L_{sh}$。那么髋关节的位置为：

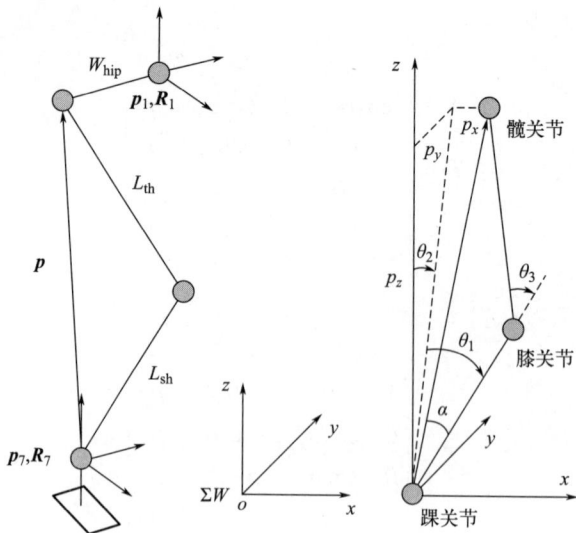

图2.5 右腿的逆运动学示意图

$$p_2 = p_1 + R_1 \begin{bmatrix} 0 \\ W_{\text{hip}} \\ 0 \end{bmatrix} \qquad (2.4)$$

在踝关节坐标系中，髋关节的位置向量为：

$$p = R_7^{\text{T}}(p_2 - p_7) = \begin{bmatrix} p_x, p_y, p_z \end{bmatrix}^{\text{T}} \qquad (2.5)$$

髋关节与踝关节之间的距离 $L_{\text{ha}}$ 为：

$$L_{\text{ha}} = \sqrt{p_x^2 + p_y^2 + p_z^2} \qquad (2.6)$$

在踝、膝和髋关节组成的三角形中有：

$$L_{\text{ha}}^2 = L_{\text{th}}^2 + L_{\text{sh}}^2 - 2L_{\text{th}}L_{\text{sh}}\cos(\pi - \theta_3) \qquad (2.7)$$

整理上式可得膝关节角度为：

$$\theta_3 = \pi - \arccos \frac{L_{\text{th}}^2 + L_{\text{sh}}^2 - L_{\text{ha}}^2}{2L_{\text{th}}L_{\text{sh}}} \tag{2.8}$$

在由踝、膝和髋关节组成的三角形中有：

$$\alpha = \arccos \frac{L_{\text{ha}}^2 + L_{\text{sh}}^2 - L_{\text{th}}^2}{2L_{\text{ha}}L_{\text{sh}}} \tag{2.9}$$

在踝关节坐标系中，踝关节的俯仰和滚动角度为：

$$\theta_1 = -\arctan \frac{p_x}{\operatorname{sign}(p_z)\sqrt{p_y^2 + p_z^2}} - \arccos \frac{L_{\text{ha}}^2 + L_{\text{sh}}^2 - L_{\text{th}}^2}{2L_{\text{ha}}L_{\text{sh}}} \tag{2.10}$$

其中，$\operatorname{sign}(p_z)$ 为符号函数。

$$\theta_2 = \arctan \frac{p_y}{p_z} \tag{2.11}$$

位姿矩阵 $\boldsymbol{R}_7$ 和位姿矩阵 $\boldsymbol{R}_1$ 之间的关系为：

$$\boldsymbol{R}_7 = \boldsymbol{R}_1 \boldsymbol{R}_z(\theta_6) \boldsymbol{R}_x(\theta_4) \boldsymbol{R}_y(\theta_5) \boldsymbol{R}_y(\theta_1 + \theta_3) \boldsymbol{R}_x(\theta_2) \tag{2.12}$$

将上式变形可得：

$$\boldsymbol{R}_z(\theta_6) \boldsymbol{R}_x(\theta_4) \boldsymbol{R}_y(\theta_5) = \boldsymbol{R}_1^{\text{T}} \boldsymbol{R}_7 \boldsymbol{R}_x^{\text{T}}(\theta_2) \boldsymbol{R}_y^{\text{T}}(\theta_1 + \theta_3) \tag{2.13}$$

整理上式得：

$$\begin{bmatrix} c_6c_5 - s_6s_4s_5 & -s_6c_4 & c_6s_5 + s_6s_4c_5 \\ c_6c_5 + c_6s_4s_5 & c_6c_4 & s_6s_5 - c_6s_4c_5 \\ -c_4s_5 & s_4 & c_4c_5 \end{bmatrix} = \begin{bmatrix} R_{11} & R_{12} & R_{13} \\ R_{21} & R_{22} & R_{23} \\ R_{31} & R_{32} & R_{33} \end{bmatrix} \tag{2.14}$$

其中，$s_i = \sin\theta_i$，$c_i = \cos\theta_i$。

整理上式得髋关节的各角度表达式：

$$\theta_6 = -\arctan \frac{R_{12}}{R_{22}} \qquad (2.15)$$

$$\theta_5 = -\arctan \frac{R_{31}}{R_{33}} \qquad (2.16)$$

$$\theta_4 = \arctan \frac{R_{32}}{R_{22}\cos\theta_6 - R_{12}\sin\theta_6} \qquad (2.17)$$

同理，采用类似方法可对人形机器人的左腿进行分析。

## 2.3 人形机器人的动力学建模

人形机器人在执行动作时，关节的运动不仅仅依赖于机械结构本身的灵活性，还离不开驱动系统提供足够的力和力矩。如果驱动器提供的力量不够，人形机器人关节的运动就会受限，可能导致动作不流畅，甚至无法在预定时间内完成动作，不能达到设计目标位姿[35]。因此，为了确保人形机器人能够顺利完成任务，必须了解人形机器人各关节的动力学特性，进而精确计算出驱动器需要提供多少力和力矩[36-38]。人形机器人的动力学模型正是通过分析各个关节的角度、角速度和角加速度，揭示它们与驱动力矩之间的相互关系[39-42]。通过动力学模型，在人形机器人行走过程中，结合髋关节、膝关节和踝关节等关键关节的运动数据，可以计算出每个关节所需的驱动力矩[43-45]。

目前，针对人形机器人的动力学建模，主要有下列两种理论：

① 牛顿-欧拉法：将人形机器人各个连杆之间的运动和相互作用力进行向量化处理，利用力与力矩的平衡关系来推导出人形机器人的运动方程。

② 拉格朗日法：计算出人形机器人全部连杆的动能和势能，然后代

入拉格朗日函数，得出系统的动力学方程。

此外，除了上述这两种方法，研究人员还采用了如高斯原理和凯恩方法等其他理论工具来分析人形机器人动力学问题[46-51]。这些方法在不同的应用场景下，有时能够提供更加高效或简便的解决方案。

在人形机器人动力学建模中，牛顿-欧拉法和拉格朗日法各有其特点和适用场景。

牛顿-欧拉法是从运动学入手，依次计算每个连杆的角速度、角加速度、平移速度和平移加速度，基于这些数据和力矩的平衡关系，求得各个关节的驱动力[52]。对于关节数较少、结构较简单的机器人来说，比如工业机器人，这种方法的计算量相对较小，使用起来也比较直观。然而，当面对像人形机器人这样复杂的多连杆系统时，牛顿-欧拉法就显得计算量过大，过程十分复杂且烦琐。与此相比，拉格朗日法则通过分析系统的能量，推导出系统的动力学方程。它的优势在于能够处理更加复杂的系统，并且随着系统复杂度的增加，拉格朗日法的使用反而变得更加简便直接[53]。因此，在面对复杂的人形机器人系统时，拉格朗日法能更加高效地得到动力学模型。

综合考虑两种方法的优缺点，尤其是面对复杂的人形机器人系统时，本章以拉格朗日法为例进行分析。

人体的骨骼系统由206块骨头组成，结构复杂且相互关联，在分析人类运动时，无法直接处理如此庞大的系统。为了更有效地研究人形机器人的动力学，通常需要对其结构进行简化。为了简化分析，将人体建模为一个由有限数量刚体和铰链组成的链式系统，可以有效降低复杂度。Hanavan人体简化模型就是一种广泛采用的、相对完善的人体动力学模型，它将人体简化为由14个铰链连接15个刚体组成的结构。人形机器人也可以按照类似的方式进行建模，简化为一个链式系统。在众多简化模型中，七连杆模型被广泛应用于人形机器人的动力学分析中，成为一种常见且有效的模型。本章的人形机器人简化模型中各连杆的状态描述如图2.6所示。

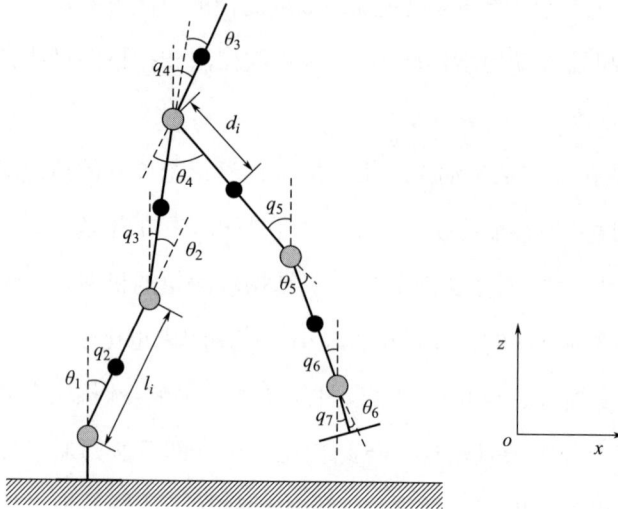

图2.6 人形机器人简化模型

在图2.6中，$q$ 为连杆 $i$ 与 $z$ 轴的夹角，$l_i$ 为连杆 $i$ 的长度，$d_i$ 为连杆 $i$ 的质心到母连杆关节的距离，$\theta$ 为径向平面内各关节的角度。

拉格朗日法给出了一个从标量函数推导动力学方程的方法，称这个标量函数为拉格朗日函数，即一个机械系统的动能和势能的差值。拉格朗日函数 $L$ 定义为人形机器人的动能 $K$ 和势能 $P$ 之差，即：

$$L = K - P \tag{2.18}$$

连杆 $i$ 的动能 $K_i$ 为：

$$K_i = \frac{1}{2}m_i\left(\dot{x}_i^2 + \dot{z}_i^2\right) \tag{2.19}$$

连杆 $i$ 的势能 $P_i$ 为:

$$P_i = m_i g z_i \qquad (2.20)$$

式中, $g$ 为重力加速度。

由此, 拉格朗日函数为:

$$L = K - P = \sum_{i=2}^{n} \left[ \frac{1}{2} m_i \left( \dot{x}_i^2 + \dot{z}_i^2 \right) - m_i g z_i \right] \qquad (2.21)$$

各连杆总力矩 $T_i$ 的拉格朗日方程为:

$$T_i = \frac{\mathrm{d}}{\mathrm{d}t} \times \frac{\partial L}{\partial \dot{q}_i} - \frac{\partial L}{\partial q_i} \quad i = 2, \cdots, n \qquad (2.22)$$

其中, $q_i$ 为连杆 $i$ 的角度; $\dot{q}_i$ 为连杆 $i$ 的角速度; $n$ 为人形机器人的连杆总数, $n=7$。

基于上述分析, 各连杆的角度和各关节的角度之间满足如下关系:

$$\begin{cases} \theta_1 = q_2, & \theta_2 = q_3 - q_2, & \theta_3 = q_4 - q_3 \\ \theta_4 = q_5 - q_4, & \theta_5 = q_6 - q_5, & \theta_6 = q_7 - q_6 \end{cases} \qquad (2.23)$$

各关节驱动力矩 $\boldsymbol{\tau} = [\tau_1, \tau_2, \tau_3, \tau_4, \tau_5, \tau_6, \tau_7]^{\mathrm{T}}$ 和各连杆总力矩 $\boldsymbol{T} = [T_1, T_2, T_3, T_4, T_5, T_6, T_7]^{\mathrm{T}}$ 之间存在如下关系:

$$\boldsymbol{T} = \boldsymbol{E} \cdot \boldsymbol{\tau} \qquad (2.24)$$

系数矩阵 $\boldsymbol{E}$ 由式 (2.25) 确定:

$$T_i = \sum_{j=1}^{6} \tau_j \frac{\partial \theta_j}{\partial q_i}, i = 2, 3, \cdots, 7 \qquad (2.25)$$

因此, 可得各关节的驱动力矩 $\boldsymbol{\tau}$ 和各连杆的总力矩 $\boldsymbol{T}$ 之间的关系式:

$$\begin{bmatrix} 1 & -1 & 0 & 0 & 0 & 0 \\ 0 & 1 & -1 & 0 & 0 & 0 \\ 0 & 0 & 1 & -1 & 0 & 0 \\ 0 & 0 & 0 & 1 & -1 & 0 \\ 0 & 0 & 0 & 0 & 1 & -1 \\ 0 & 0 & 0 & 0 & 0 & 1 \end{bmatrix} \begin{bmatrix} \tau_1 \\ \tau_2 \\ \tau_3 \\ \tau_4 \\ \tau_5 \\ \tau_6 \end{bmatrix} = \begin{bmatrix} T_2 \\ T_3 \\ T_4 \\ T_5 \\ T_6 \\ T_7 \end{bmatrix} \tag{2.26}$$

由上述各式可得人形机器人步行时单脚支撑期径向平面内的动力学模型表达式如下：

$$D(q) \cdot \ddot{q} + H(q) \cdot \dot{q}^2 + G(q) = \boldsymbol{E} \cdot \boldsymbol{\tau} \tag{2.27}$$

其中，$\ddot{q}$ 为连杆 $i$ 的角加速度。

同理，可推得人形机器人在双脚支撑期和侧向平面内的动力学模型。

## 2.4  本章小结

本章围绕人形机器人的运动学与动力学建模展开，首先介绍了人形机器人的基本运动学概念与理论基础。从人形机器人的模型推导入手，详细分析了关节坐标系与坐标变换。在此基础上，本章分别讨论了正运动学和逆运动学的建模方法。正运动学通过已知关节角度，求解末端执行器的位置和姿态；而逆运动学则从目标位置和姿态出发，反求关节角度。这两者是实现人形机器人精确控制的核心。在动力学建模部分，本章探讨了人形机器人的力学特性，建立了相应的动力学方程。通过引入牛顿-欧拉法和拉格朗日法，详细推导了人形机器人在运动过程中的动力学行为。本章对人形机器人运动学和动力学的深入剖析，为后续讨论步态规划及运动稳定性奠定了重要的理论基础。

# 参考文献

［1］Huang D H，Fan W，Liu Y，et al. Design of a Humanoid Bipedal Robot Based on Kinematics and Dynamics Analysis of Human Lower Limbs［C］. Proceedings of the IEEE/ASME International Conference on Advanced Intelligent Mechatronics，2020：759-764.

［2］Deng X Q，Wang J G，Xiang Z F. The Simulation Analysis of Humanoid Robot Based on Dynamics and Kinematics［C］. Proceedings of the 1st International Conference on Intelligent Robotics and Applications，2008：91-100.

［3］Chameera B C，Gopalai A A，Senanayake S，et al. Kinematic & Inverse Dynamic of a Humanoid Robot［C］. Proceedings of the 2nd IEEE Conference on Innovative Technologies in Intelligent Systems and Industrial Applications，2008：26-29.

［4］Huang Q A，Yu Z G，Zhang W M，et al. Design and Similarity Evaluation on Humanoid Motion Based on Human Motion Capture［J］. Robotica，2010，28：737-745.

［5］Hwang Y L，Chen C H，Hwang S J，et al. The Dynamic Analysis of Humanoid Robot System［C］. Proceedings of the International Conference on Mechatronics，Robotics and Automation，2013，242-245.

［6］Dafarra S，Romualdi G，Pucci D. Dynamic Complementarity Conditions and Whole-Body Trajectory Optimization for Humanoid Robot Locomotion［J］. IEEE Transactions on Robotics，2022，38（6）：3414-3433.

［7］Pei M Y，Gong D X. Dynamics Modeling and Control of Humanoid Robot Arm with 7DOF Actuated by Pneumatic Artificial Muscles［C］. Proceedings of the 33rd Chinese Control and Decision Conference，2021：3050-3055.

［8］Benallegue M，Mifsud A，Lamiraux F，et al. Fusion of Force-Torque Sensors，Inertial Measurements Units and Proprioception for a Humanoid Kinematics-Dynamics Observation［C］. Proceedings of the 15th IEEE-RAS International Conference on Humanoid Robots，2015：664-669.

［9］De Lima C R，Khan S G，Tufail M，et al. Humanoid Robot Motion Planning Approaches：A Survey［J］. Journal of Intelligent & Robotic Systems，2024，110（2）：86.

［10］Hwang K S，Jiang W C，Chen Y J，et al. Motion Segmentation and Balancing for a Biped Robot's Imitation Learning［J］. IEEE Transactions on Industrial Informatics，2017，13（3）：1099-1108.

［11］Frizza I，Ayusawa K，Cherubini A，et al. Humanoids' Feet：State-of-the-Art & Future Directions［J］. International Journal of Humanoid Robotics，2022，19（01）：2250001.

［12］Gora S，Gupta S S，Dutta A. Gait Generation of a 10-Degree-of-Freedom Humanoid Robot on Deformable Terrain Based on Spherical Inverted Pendulum Model［J］. Journal of Mechanisms and Robotics-Transactions of the ASME，2025，17（2）：021013.

［13］He Z C，Wu J Y，Zhang J W，et al. CDM-MPC：An Integrated Dynamic Planning and Control

Framework for Bipedal Robots Jumping [ J ]. IEEE Robotics and Automation Letters, 2024, 9 ( 7 ): 6672-6679.

[ 14 ] Sun P, Gu Y F, Mao H Y, et al. Research on Walking Gait Planning and Simulation of a Novel Hybrid Biped Robot [ J ]. Biomimetics, 2023, 8 ( 2 ): 258.

[ 15 ] Jin M Y, Gao J Y, Lai J H, et al. Low-centroid Crawling Motion for Humanoid Robot Based on Whole-body Dynamics and Trajectory Optimization [ C ]. Proceedings of the 7th International Conference on Robotics and Automation Engineering, 2022: 199-205.

[ 16 ] Orozco-Soto S M, Ibarra-Zannatha J M, Kheddar A, et al. Gait Synthesis and Biped Locomotion Control of the HRP-4 Humanoid [ C ]. Proceedings of the 23rd Robotics Mexican Congress, 2021: 68-74.

[ 17 ] Liang D K, Sun N, Wu Y M, et al. Fuzzy-Sliding Mode Control for Humanoid Arm Robots Actuated by Pneumatic Artificial Muscles With Unidirectional Inputs, Saturations, and Dead Zones [ J ]. IEEE Transactions on Industrial Informatics, 2022, 18 ( 5 ): 3011-3021.

[ 18 ] Sathya A S, Carpentier J. Constrained Articulated Body Dynamics Algorithms [ J ]. IEEE Transactions on Robotics, 2025, 41: 430-449.

[ 19 ] Torres-Figueroa J, Portilla-Flores E A, Vasquez-Santacruz J A, et al. A Novel General Inverse Kinematics Optimization-Based Solution for Legged Robots in Dynamic Walking by a Heuristic Approach [ J ]. IEEE Access, 2023, 11: 2886-2906.

[ 20 ] Cafolla D, Ceccarelli M. Design and Simulation of a Cable-Driven Vertebra-Based Humanoid Torso [ J ]. International Journal of Humanoid Robotics, 2016, 13 ( 4 ): 1650015.

[ 21 ] Lu Y Z, Lu Z G, Yu Y J, et al. Development of Humanoid Robot and Biped Walking Based on Linear Inverted Pendulum Model [ C ]. Proceedings of the IEEE International Conference on Intelligence and Safety for Robotics, 2018: 244-249.

[ 22 ] Aloulou A, Boubaker O. Model Validation of a Humanoid Robot via Standard Scenarios [ C ]. Proceedings of the 14th International Conference on Sciences and Techniques of Automatic Control and Computer Engineering, 2013, 288-293.

[ 23 ] Aloulou A, Boubaker O. On the Dynamic Modeling of an Upper-Body Humanoid Robot in the Three-Dimensional Space [ C ]. Proceedings of the 10th International Multi-Conference on Systems, Signals and Devices, 2013: 1-6.

[ 24 ] Jamone L, Natale L, Nori F, et al. Autonomous Online Learning of Reaching Behavior in a Humanoid Robot [ J ]. International Journal of Humanoid Robotics, 2012, 9 ( 3 ): 1250017.

[ 25 ] Chen S F, Cui Y, Kang Y, et al. 3D Motions Planning of Humanoid Arm Using Learned Patterns [ C ]. Proceedings of the 3rd International Conference on Cognitive Systems and Information Processing, 2017: 355-365.

[ 26 ] Klas C, Meixner A, Ruffler D, et al. On the Actuator Requirements for Human-Like Execution of Retargeted Human Motion on Humanoid Robots [ C ]. Proceedings of the IEEE-RAS 22nd International Conference on Humanoid Robots, 2023: 1-8.

[ 27 ] Pristovani R D, Henfri B E, Dewanto S, et al. Forward Kinematics with Full Body Analysis in "T-FLoW" Humanoid Robot [ C ]. Proceedings of the IEEE International Electronics Symposium on Engineering Technology and Applications, 2018: 84-89.

[ 28 ] Wen S H, Ma Z Y, Wen S H, et al. The Study of NAO Robot Arm Based on Direct Kinematics by

Using D-H Method［C］. Proceedings of the United-Kingdom-Automatic-Control-Council（UKACC）10th International Conference on Control，2014：515-518.

［29］Gholami A，Moradi M，Majidi M. A Simulation Platform Design and Kinematics Analysis of MRL-HSL Humanoid Robot［C］. Proceedings of the 23rd Annual Robot World Cup International Symposium，2019：387-396.

［30］Yang Y Q，Sun T，Zhang Z Z，et al. Deisgn and Optimization of Dual-Arm Robot for Avionics System Testing［C］. Proceedings of the 3rd World Conference on Mechanical Engineering and Intelligent Manufacturing，2020：31-35.

［31］Zhong F F，Liu G P，Lu Z Y，et al. Inverse Kinematics Analysis of Humanoid Robot Arm by Fusing Denavit-Hartenberg and Screw Theory to Imitate Human Motion With Kinect［J］. IEEE Access，2023，11：67126-67139.

［32］Liu C，Qian R M. An Action Generator for Small Humanoid Robot Based on Inverse Kinematics［C］. Proceedings of the 4th International Conference on Control and Robotics Engineering，2019：127-131.

［33］Giessler M，Waltersberger B. Hybrid Inverse Kinematics for a 7-DOF Manipulator Handling Joint Limits and Workspace Constraints［C］. Proceedings of the 26th Annual Robot World Cup International Symposium，2024：105-116.

［34］Hoffman E M，Polverini M P，Laurenzi A，et al. A Study on Sparse Hierarchical Inverse Kinematics Algorithms for Humanoid Robots［J］. IEEE Robotics and Automation Letters，2020，5（1）：235-242.

［35］Lee J，Dallali H，Jin M，et al. Robust and Adaptive Whole-body Controller for Humanoids with Multiple Tasks under Uncertain Disturbances［C］. Proceedings of the IEEE International Conference on Robotics and Automation，2016：5683-5689.

［36］Hernández-Santos C，Soto R，Rodríguez E，et al. Design and Dynamic Modeling of Humanoid Biped Robot E-Robot［C］. Proceedings of the IEEE Electronics，Robotics and Automotive Mechanics Conference，2011：191-196.

［37］Paz A，Arechavaleta G. Humanoid Trajectory Optimization with B-Splines and Analytical Centroidal Momentum Derivatives［J］. International Journal of Humanoid Robotics，2024，21（02）：2350020.

［38］Jing X，Gao H B，Chen Z S，et al. A Recursive Dynamic Modeling and Control for Dual-arm Manipulator With Elastic Joints［J］. IEEE Access，2020，8：155093-155102.

［39］Sulaiman S，Sudheer A P，Magid E. Torque Control of a Wheeled Humanoid Robot with Dual Redundant Arms［J］. Proceedings of the Institution of Mechanical Engineers Part I-Journal of Systems and Control Engineering，2024，238（2）：252-271.

［40］Hashlamon I，Erbatur K. An Optimal Estimation of Feet Contact Distributed Normal Reaction Forces of Walking Bipeds［C］. Proceedings of the IEEE 23rd International Symposium on Industrial Electronics，2014：1180-1185.

［41］Jiang F L，Tao G L，Liu H，et al. Research on PMA Properties and Humanoid Lower Limb Application［C］. Proceedings of the IEEE/ASME International Conference on Advanced Intelligent Mechatronics，2015：1292-1297.

［42］Arbulu M，Balaguer C. Real-Time Gait Planning for the Humanoid Robot Rh-1 Using the Local Axis Gait Algorithm［J］. International Journal of Humanoid Robotics，2009，6（1）：71-91.

［43］Li X，Nishiguchi J，Minami M，et al. Iterative Calculation Method for Constraint Motion by

Extended Newton-Euler Method and Application for Forward Dynamics [ C ]. Proceedings of the 8th IEEE/SICE International Symposium on System Integration, 2015: 313-319.

[ 44 ] Navaneeth M G, Sudheer A P, Joy M L. Contact Wrench Cone-Based Stable Gait Generation and Contact Slip Estimation of a 12-DoF Biped Robot [ J ]. Arabian Journal for Science and Engineering, 2022, 47 ( 12 ): 15947-15971.

[ 45 ] Lu H, Yang Z Q, Zhu D L, et al. Dynamics Modeling and Parameter Identification for a Coupled-Drive Dual-Arm Nursing Robot [ J ]. Chinese Journal of Mechanical Engineering, 2024, 37 ( 1 ): 74.

[ 46 ] Lee S, Cho C, Choi M T, et al. A Dynamic Model of Humanoid Robots using the Analytical Method [ J ]. International Journal of Precision Engineering and Manufacturing, 2010, 11 ( 1 ): 67-75.

[ 47 ] Bouyarmane K, Kheddar A. On the Dynamics Modeling of Free-Floating-Base Articulated Mechanisms and Applications to Humanoid Whole-Body Dynamics and Control [ C ]. Proceedings of the 12th IEEE-RAS International Conference on Humanoid Robots, 2012: 36-42.

[ 48 ] Sugimoto N, Morimoto J. Switching Multiple LQG Controllers Based on Bellman's Optimality Principle: Using Full-State Feedback to Control a Humanoid Robot [ C ]. Proceedings of the IEEE/RSJ International Conference on Intelligent Robots and Systems, 2011: 3185-3191.

[ 49 ] Sadedel M, Yousefi-Koma A, Khadiv M, et al. Offline Path Planning, Dynamic Modeling and Gait Optimization of a 2D Humanoid Robot [ C ]. Proceedings of the 2nd RSI/ISM International Conference on Robotics and Mechatronics, 2014: 131-136.

[ 50 ] Sadedel M, Yousefi-Koma A, Khadiv M, et al. Investigation on Dynamic Modeling of SURENA III Humanoid Robot with Heel-Off and Heel-Strike Motions [ J ]. Iranian Journal of Science and Technology-Transactions of Mechanical Engineering, 2017, 41 ( 1 ): 9-23.

[ 51 ] Sadedel M, Yousefi-Koma A, Khadiv M, et al. Heel-Strike and Toe-Off Motions Optimization for Humanoid Robots Equipped with Active Toe Joints [ J ]. Robotica, 2018, 36 ( 6 ): 925-944.

[ 52 ] Singh A, Pandey P, Nandi G C. Effectiveness of Multi-Gated Sequence Model for the Learning of Kinematics and Dynamics of an Industrial Robot [ J ]. Industrial Robot-the International Journal of Robotics Research and Application, 2021, 48 ( 1 ): 62-70.

[ 53 ] Liu J, Zhu J W, Zhao D, et al. Integrated Optimization Design and Motion Control of Multi-Configuration Unmanned Metamorphic Vehicle [ J ]. Advanced Engineering Informatics, 2024, 59: 102325.

# 第3章
# 人形机器人
# 步行稳定性判据

## 3.1 概述

    人形机器人在行走时，必须依靠精确的控制系统来保持稳定和快速的步伐，同时还要能够适应各种复杂的地面环境。要实现这一目标并不容易，主要因为人形机器人本身的结构问题以及数学模型的复杂性[1-6]。此外，现实环境中的路面情况常常多变，可能包括不平坦的地面、斜坡或者障碍物等，这些都会影响人形机器人的运动。因此，如何确保人形机器人在这些环境下也能快速而稳定地行走，是目前研究的一个关键问题。步行的稳定性，不仅仅是人形机器人正常行走的基础，它还关系到整个人形机器人步态规划和运动控制的有效性。无论是哪种类型的步态规划方法，或者是采用了何种控制策略，都必须建立在一个有效的稳定性判据之上[7-11]。也就是说，在进行步态设计和控制算法开发时，必须首先确保人形机器人在运动过程中能够保持良好的平衡和稳定性，否则无论步态设计如何先进，都无法实现实际的稳定行走。

## 3.2 零力矩点稳定性判据

### 3.2.1 零力矩点稳定性判据的概念和计算

静态稳定性条件通常只考虑重力的影响，但对于人形机器人而言，要实现仿人性能，不仅要支持低速行走，还要能够适应动态行走过程中产生的瞬时加速度所带来的挑战[12]。为了确保人形机器人在行走过程中不失去平衡，Vukobratovic等人提出了零力矩点（zero moment point，ZMP）的概念，将其作为人形机器人行走时的稳定性判断标准[13]。ZMP被定义为脚与地面接触时，地面上所受反力的合力矩在水平面$x$轴和$y$轴的分量为0的那一点[14]。在静态行走中，只要人形机器人重心的地面投影点落在支撑面内，就能够保证稳定性。但是在动态行走时，由于较大的加速度，单纯依赖重心投影点落在支撑面内已无法确保稳定。此时，惯性力的影响使得人形机器人重心的地面投影点与ZMP往往不能重合。只有当重心的地面投影点和ZMP都位于支撑面内，人形机器人才能稳定行走。如果重心的投影点在支撑面内，但ZMP不在支撑面内，则人形机器人会失去行走稳定性。从能量的角度来看，静态行走时驱动力矩主要用于克服重力矩，而动态行走时，驱动力矩不仅要克服重力矩，还要克服惯性力矩。因此，人形机器人在动态行走时，必须确保ZMP位于支撑脚掌和地面形成的多边形内，才能保持稳定行走，这就是ZMP稳定性法则的核心。ZMP稳定性判据的根本思想是让人形机器人支撑腿与地面保持静止，从而可以等价视为一个固定基座，以保证人形机器人各关节可控，最后直接将已经较为成熟的工业机器人关节控制方法应用在人形机器人上[15-18]。

目前对于ZMP概念的定义主要有以下三种：

① 如图3.1所示，图中表示的是人形机器人足底的受力情况，将地

面对足底的所有作用力合并为一个合力 $\boldsymbol{F}$，其在足底上的作用点就是
ZMP。

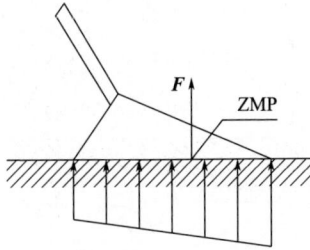

图3.1 零力矩点第一个定义

② 如图3.2所示，地面对人形机器人足底的作用力的合力矩为 $\boldsymbol{T}=$
( $T_x,T_y,T_z$ )，那么 $T_x=0$，$T_y=0$ 的点就是ZMP。

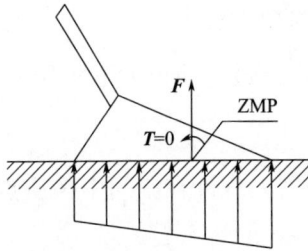

图3.2 零力矩点第二个定义

③ 如图3.3所示，ZMP是整个系统所受合力的延长线与水平面的交点。
在这一点的合力矩的 $x$ 轴、$y$ 轴的分量为零。这种判定的方法，是依据人
形机器人在实际的步行或步态规划中，各个连杆的质心的速度、加速度来
计算实际ZMP。

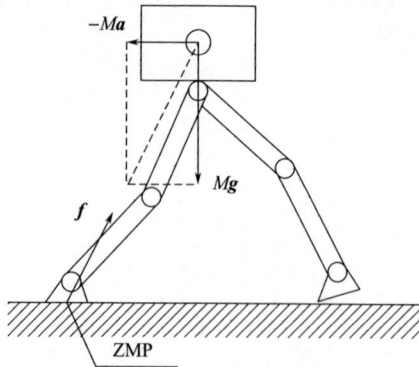

图3.3　零力矩点第三个定义

　　尽管上述三个定义的表述有所不同，但它们从本质上讲都是相同的。在动态行走过程中，人形机器人的ZMP能否位于支撑区域内，直接决定了其运行的稳定性。因此，步态规划的核心任务就是通过合理选择和调整人形机器人的相关参数，确保ZMP在动态步态中始终处于支撑区域。如果在实际步行中，某些参数无法保证人形机器人的稳定性，就需要调整这些参数，经过反复验证，最终使得人形机器人能够实现持续、稳定的行走。

　　图3.4所示为人形机器人杆件在空间中某质点的状态，在点$p$处，人

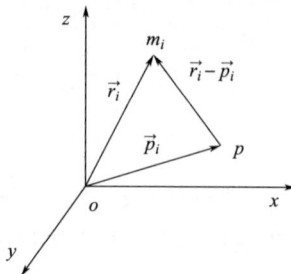

图3.4　质点$m_i$关于点$p$的动力矩

形机器人的全部角动量为：

$$L = \sum_{i=1}^{n} (\boldsymbol{r}_i - \boldsymbol{p}_i) \times m_i \frac{\mathrm{d}(\boldsymbol{r}_i - \boldsymbol{p}_i)}{\mathrm{d}t} \tag{3.1}$$

假设外力为 $\boldsymbol{F}$，外力的力矩为 $\boldsymbol{T}$，重力加速度为 $\boldsymbol{g}$，由质点动量定理和达朗贝尔原理可得：

$$\frac{\mathrm{d}\boldsymbol{L}}{\mathrm{d}t} + \sum_{i=1}^{n} (\boldsymbol{r}_i - \boldsymbol{p}_i) \times m_i \boldsymbol{g} + \boldsymbol{T} = 0 \tag{3.2}$$

对式（3.1）求导可得：

$$\frac{\mathrm{d}\boldsymbol{L}}{\mathrm{d}t} = \sum_{i=1}^{n} (\boldsymbol{r}_i - \boldsymbol{p}_i) \times m_i \frac{\mathrm{d}^2}{\mathrm{d}t^2}(\boldsymbol{r}_i - \boldsymbol{p}_i) + \sum_{i=1}^{n} \frac{\mathrm{d}}{\mathrm{d}t}(\boldsymbol{r}_i - \boldsymbol{p}_i) \times m_i \frac{\mathrm{d}}{\mathrm{d}t}(\boldsymbol{r}_i - \boldsymbol{p}_i) \tag{3.3}$$

将式（3.3）和式（3.2）结合，可得：

$$\sum_{i=1}^{n} m_i(\boldsymbol{r}_i - \boldsymbol{p}_i) \times \left[\left(\frac{\mathrm{d}^2}{\mathrm{d}t^2}\boldsymbol{r}_i + \boldsymbol{g}\right) - \frac{\mathrm{d}^2}{\mathrm{d}t^2}\boldsymbol{p}\right] + \boldsymbol{T} = 0 \tag{3.4}$$

计算支撑点的转矩时，考虑 $p$ 点投影在 $x$-$y$ 平面上，当支撑点不动时，可得：

$$\boldsymbol{T} = -\sum_{i=1}^{n} m_i(\boldsymbol{r}_i - \boldsymbol{p}_i) \times \left(\frac{\mathrm{d}^2}{\mathrm{d}t^2}\boldsymbol{r}_i + \boldsymbol{g}\right) \tag{3.5}$$

由于 $\boldsymbol{r}_i = (x_i, y_i, z_i)^{\mathrm{T}}$，$\boldsymbol{g}_i = (0, 0, g)^{\mathrm{T}}$，$\boldsymbol{p}_i = (x_p, y_p, 0)^{\mathrm{T}}$，则各个分量为：

$$T_x = \sum_{i=1}^{n} m_i(\ddot{z}_i + g)y_p - \sum_{i=1}^{n} m_i(\ddot{z}_i + g)y_i + \sum_{i=1}^{n} m_i \ddot{y}_i z_i \tag{3.6}$$

$$T_y = \sum_{i=1}^{n} m_i(\ddot{z}_i + g)x_p + \sum_{i=1}^{n} m_i(\ddot{z}_i + g)x_i - \sum_{i=1}^{n} m_i \ddot{x}_i z_i \tag{3.7}$$

$$T_z = \sum_{i=1}^{n} m_i \ddot{y}_i x_p - \sum_{i=1}^{n} m_i \ddot{x}_i y_p - (\sum_{i=1}^{n} m_i \ddot{y}_i x_i - \sum_{i=1}^{n} m_i \ddot{x}_i y_i) \tag{3.8}$$

当 $p$ 点为 ZMP 时，有 $T_x = T_y = T_z = 0$，可得到 ZMP 的坐标为：

$$x_{ZMP} = \frac{\sum_{i=1}^{n} m_i(\ddot{z}_i + g)x_i - \sum_{i=1}^{n} m_i \ddot{x}_i z_i}{\sum_{i=1}^{n} m_i(\ddot{z}_i + g)} \tag{3.9}$$

$$y_{ZMP} = \frac{\sum_{i=1}^{n} m_i(\ddot{z}_i + g)y_i - \sum_{i=1}^{n} m_i \ddot{y}_i z_i}{\sum_{i=1}^{n} m_i(\ddot{z}_i + g)} \tag{3.10}$$

$$z_{ZMP} = 0 \tag{3.11}$$

当地面对人形机器人的作用力沿足底区域基本均匀分布时，ZMP位于支撑多边形的中央，人形机器人能够保持平衡，不容易跌倒。然而，如果地面作用力不再均匀分布，ZMP就会发生偏移。比如，如果地面作用力偏向足底的前端或后端，ZMP会随之向相应方向移动。最极端的情况是，所有地面作用力都集中在脚尖或脚跟上，这时ZMP就会位于支撑多边形的边缘。此时，任何轻微的扰动都有可能导致人形机器人绕脚尖或脚跟旋转，从而使人形机器人的稳定性大大下降。为了避免这种情况发生，应该尽量保持ZMP在支撑多边形的内部，而且越远离边界越好。这样可以显著提高人形机器人的抗扰动能力，降低跌倒的风险。

黄强等人提出了"有效稳定区域"这一概念，给出了基于ZMP的稳定性量化描述。在理解"有效稳定区域"之前，需要弄清楚两个相关概念——稳定区域和稳定性裕度。

稳定区域：人形机器人支撑腿的足部与地面接触时形成的区域。这个区域通常是一个凸多边形，包含了所有支撑点的位置。简单来说，稳定区域就是一个安全范围，确保人形机器人在这个范围内能够保持平衡，不会跌倒。

稳定性裕度：用来量化人形机器人行走时稳定性的一个参数。它表示的是ZMP与稳定区域边界之间的最短距离。ZMP距离稳定区域的边界越远，意味着人形机器人越稳定，反之则意味着稳定性较差。因此，稳定性裕度可以直观地反映出人形机器人在行走过程中是否容易失去平衡。

稳定区域与稳定性裕度的描述如图3.5所示。

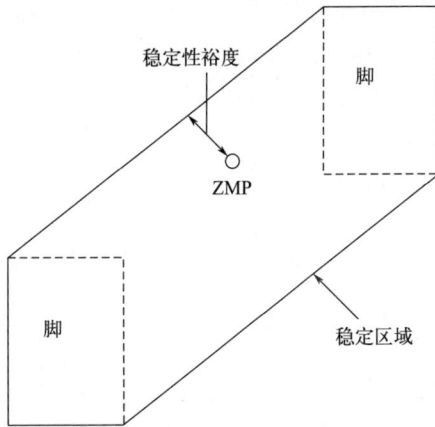

图3.5 稳定区域与稳定性裕度

当ZMP接近稳定区域的中心时，人形机器人与稳定区域边界之间的最短距离会变得更大，从而稳定性裕度也会变大。这意味着，人形机器人处于一个更加稳定的状态，姿态也更为稳定。对于凸多边形的稳定区域，最稳定的区域通常是一条直线或一个点。如果想要让人形机器人的ZMP始终保持在这个最稳定的区域内，人形机器人的运动就会受到很大的限制。原因在于，人形机器人行走时的稳定性与步行速度、肢体运动范围和能量消耗等因素密切相关。如果单纯地追求最稳定的状态，意味着人形机器人在运动时可能会过于迟缓，或者肢体运动幅度会过大，导致不自然甚至不灵活。为了避免这些问题，必须找到一个平衡点，即在保证一定稳定性的同时，允许人形机器人进行合理的运动。为了实现这一目标，提出了"有效稳定区域"这一概念。有效稳定区域可以看作是在保证足够稳定性的前提下，给予人形机器人更大运动自由度的区域，确保人形机器人能够既保持平衡，又不至于因过度追求稳定性而影响动作的灵活性。

有效稳定区域：稳定区域内的一个子区域，处于该子区域内的所有ZMP对应的稳定性裕度大于外界环境干扰导致的该ZMP位置的变化量。稳定区域和有效稳定区域示意图如图3.6所示。$d_v(x_{ZMP})$ 和 $d_v(y_{ZMP})$ 分别表示干扰造成的ZMP位置在 $x$ 方向和 $y$ 方向的变化量。

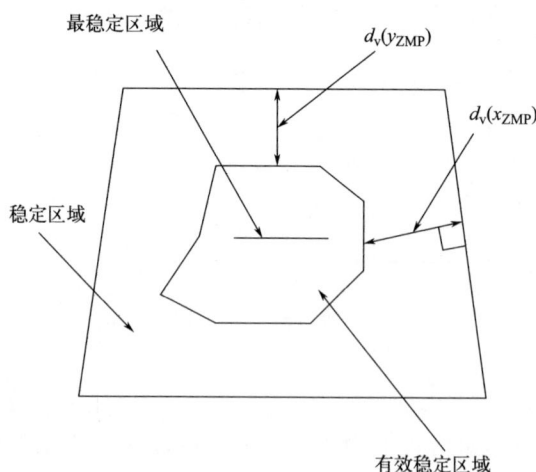

图3.6　稳定区域和有效稳定区域

当知道人形机器人可能遇到的最大扰动幅度时，就能够确定相应的"有效稳定区域"。在这种情况下，假如人形机器人当前的ZMP落在有效稳定区域内，即使周围环境发生了干扰，人形机器人也不需要做出姿态调整，它依然能够保持稳定的姿态，继续行走。如果ZMP处于稳定区域内，但超出了有效稳定区域，人形机器人在没有外界干扰的情况下仍然可以保持稳定。然而，一旦受到外界干扰，人形机器人可能会变得不稳定，需要进行姿态调整，以恢复平衡。而如果ZMP落在稳定区域之外，人形机器人就会变得不稳定，随时可能倾斜或摔倒。这时，必须立即对人形机器人的姿态进行调整，确保ZMP迅速回到稳定区域，最好能回到有效稳定区域，以防止人形机器人失去平衡。简而言之，ZMP在有效稳定区域内，人形机器人无需调整即可保持平稳；在稳定区域内但不在有效稳定区域时，人形机器人需要对外界扰动做出应对；而当ZMP超出稳定区域时，人形机器人就有可能失去平衡，必须采取措施进行恢复。

## 3.2.2　零力矩点稳定性判据的局限性

需要注意的是，ZMP稳定性判据并不是在所有情况下都适用。以下几种情况，ZMP稳定性判据可能无法有效判断人形机器人的稳定性。

### （1）人形机器人脚掌与地面的接触面积很小

ZMP稳定性判据的目的是防止人形机器人脚掌与地面之间发生相对转动，因此它适用于脚掌有一定面积的情况。如果人形机器人脚掌与地面接触的面积非常小，ZMP稳定性判据就无法准确判断人形机器人的稳定性。

### （2）允许人形机器人支撑腿脚部相对地面转动

如果人形机器人在行走过程中允许支撑腿的脚掌相对地面发生转动，比如某些欠驱动机器人，它们的设计允许支撑腿脚掌在摆动腿落地之前抬起，并且可以形成周期性的行走步态；那么在这种情况下，ZMP稳定性判据也不再适用。

### （3）考虑人形机器人脚底与地面有相对滑动

ZMP稳定性判据是针对足底相对于地面翻转的失稳状况，但它无法判断足底相对地面平移和旋转的情况。当人形机器人足底与地面的接触摩擦力较小，需要考虑足底与地面的相对滑动时，ZMP稳定性判据不再适用。

除以上情况外，当人形机器人在不平坦的地面上行走，以及人形机器人的肢体与外界环境有接触时，ZMP稳定性判据也不再适用。总之，ZMP稳定性判据的适用性是有限的。如果遇到特殊情况，必须采用其他方法来判断和维护人形机器人的稳定性。

## 3.3 基于庞加莱回归映射的稳定性判据

### 3.3.1 庞加莱回归映射稳定性理论

在大多数情况下，人形机器人步行是一种周期性行为，从状态空间中可表现为一个周期性的轨道，即在非线性系统中的极限环。为了分析人形机器人步行的稳定性问题，很多学者采用了一种叫作庞加莱映射的方法[19-22]。庞加莱映射是处理非线性动力学系统稳定性问题的常见方法，其基本思路是将周期性运动的稳定性问题转化为系统平衡点的稳定性问题。庞加莱映射通过将连续的系统行为转化为离散的形式，降低系统的维度，简化分析过程。人形机器人模型的一步周期运动可以表示为状态空间的一条封闭曲线。在人形机器人的一步运动中选取的一个特定时刻，相当于曲线在满足某个约束条件时的位置。一般来说，这个特定时刻取为人形机器人模型摆动腿刚刚落地之后，两腿都与地面保持接触的时刻。满足此条件的状态点在空间中形成了一个截面，人形机器人在该双腿支撑时刻的状态就是闭环曲线与该截面的一个交点，而从当前双腿支撑时刻的状态到下一步双腿支撑时刻的状态就相当于在此截面上的一个点映射到此截面上的另一个点，这就是庞加莱截面和庞加莱映射的含义。

　　当人形机器人进行周期性运动时，它在状态空间中的运动轨迹会反复与庞加莱截面相交。每次交点的位置理论上应该是固定的，即为庞加莱映射的不动点。然而，在实际运动中，受到一些小扰动的影响，交点的位置会发生轻微的偏移。如图3.7所示，$p_1$为该人形机器人模型在庞加莱映射下的不动点，人形机器人模型从该状态开始运动。但由于运动过程中受到扰动，第二次交点的位置在$p_2$点，与$p_1$的位置有一些偏离。第三次交点的位置在$p_3$点，也会继续偏移。如果这些交点的位置偏移趋势是逐渐回归不动点$p_1$，说明扰动的影响正在逐渐减小，人形机器人会逐渐恢复到原来的周期性运动状态；相反，如果这些交点的偏移趋势是发散的，说明扰动的影响正在累积加大，最终可能导致人形机器人失去平衡甚至跌倒。对庞加莱映射的研究表明，当运动系统的解对初始条件具有连续依赖性时，庞加莱映射的平衡解是稳定的、渐近稳定的，当且仅当对应的状态空间的曲线轨迹是稳定的、渐近稳定的。而这也意味着，研究人形机器人的运动稳定性，实际上可以转化为对庞加莱映射稳定性的研究。

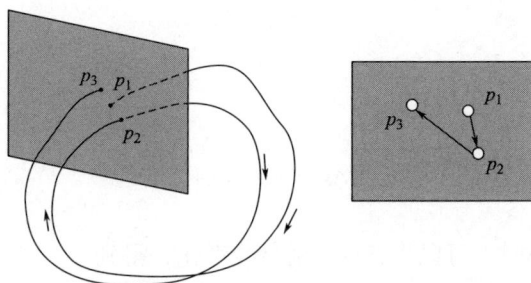

图3.7　庞加莱映射与庞加莱截面交点的位置变化

　　庞加莱映射方法最早被应用于研究被动人形机器人动态行走。在这种方法中，人形机器人的一步运动可以看作一个映射函数。通过找到该映射函数的不动点，即系统的平衡解，可以依据映射函数在不动点的特征值来评估平衡解附近的稳定性。然而，人形机器人的动力学方程通常是强非线性，使得直接求解映射函数的解析表达式变得非常困难。因此，一般的做法是利用数值方法来计算不动点。

用 $s$ 表示人形机器人的运动状态。选取人形机器人一步运动中的一个特定状态，即庞加莱截面。将人形机器人从一步中的此状态到下一步中此状态的映射函数记为 $F$，在第 $n$ 步的该状态记为 $s_n$。周期运动下，若将该状态对应映射函数 $F$ 的不动点记为 $s_p$，则有以下关系：

$$s_{n+1} = F(s_n) \tag{3.12}$$

$$s_p = F(s_p) \tag{3.13}$$

当遇到小扰动时，可以将每一步的状态表示成不动点和偏差部分的和：

$$s_{n+1} = s_p + \Delta s_{n+1} \tag{3.14}$$

$$s_n = s_p + \Delta s_n \tag{3.15}$$

将上式整理，可得：

$$s_p + \Delta s_{n+1} = F(s_p + \Delta s_n) \tag{3.16}$$

当 $\Delta s_n$ 很小时，可以将 $F$ 在 $s_p$ 附近线性化，得到：

$$s_p + \Delta s_{n+1} = F(s_p) + J\Delta s_n \tag{3.17}$$

其中，$J$ 为雅可比矩阵，$J = \dfrac{\partial F}{\partial s}$。

将式（3.13）代入式（3.17）得：

$$\Delta s_{n+1} = J \Delta s_n \qquad (3.18)$$

式（3.18）表明了每一步的小扰动的变化规律。若 $J$ 所有特征值的绝对值均小于1，则人形机器人偏离平衡解的程度将会不断减小，直至收敛到周期运动，此时庞加莱映射的不动点就是局部稳定的；否则，人形机器人的运动是不稳定的。

映射函数的不动点可以通过Newton-Raphson迭代法来计算，迭代过程为循环执行以下两式，直至满足精度要求。

$$\Delta s = \left| I - J \right|^{-1} \left[ F(s) - s \right] \qquad (3.19)$$

$$s = s + \Delta s \qquad (3.20)$$

其中，$I$ 是单位矩阵。

### 3.3.2　庞加莱回归映射稳定性判据的应用局限

使用基于庞加莱映射的稳定性判据时，需要在映射函数的不动点附近对其进行线性化操作。因此，这种判据只能适用于那些具有周期性运动步态的人形机器人，且只能分析在小范围扰动下的稳定性。庞加莱回归映射存在两个主要问题。

① 庞加莱映射仅能分析周期性运动的稳定性，对于非周期性运动并不适用。然而，现实环境中的人形机器人运动并非总是周期性的。因此，在面对这些非周期性运动时，庞加莱映射无法提供有效的稳定性分析。

② 庞加莱映射稳定性分析方法主要是对周期运动轨迹在一个固定点（也就是平衡点）处取截面，然后对该点进行线性化处理，计算相应的转换

矩阵的特征值。如果这些特征值的绝对值都小于1，那么该固定点（平衡点）就被认为是稳定的，而稳定性强弱则取决于吸引域的大小。然而，问题在于这个吸引域通常很小。因此，这种方法只适用于小的外界扰动。对于较大的扰动，这种方法就不再有效了。尽管小扰动一开始对人形机器人的步态影响不大，但如果这些小扰动随着人形机器人运动逐渐累积，它们的影响可能会在后续的运动中变得显著，最终导致人形机器人偏离预定轨迹，产生较大的误差。而且，考虑到在实际运行中小扰动几乎是不可避免的，因此，研究人形机器人如何应对这些小扰动，保持稳定性，显得尤为重要。

## 3.4 质心角动量稳定性判据

### 3.4.1 质心角动量稳定性判据的基本概念和应用

Raibert 提到："如果人形机器人能够保持质心的角动量不变，它将表现得更加高效且性能更好。"不过，当时这一观点并没有引起广泛的关注。直到2004年，Popovic 发现人体的神经系统会主动调节步态中的角动量，尽量保持其接近零。Popovic 等人基于这一发现，提出了中心力矩支点（centroidal moment pivot，CMP）的概念。CMP 是指一个与地面反力平行、穿过机器人质心的直线与地面相交的点。根据这个定义，当地面反力的作用线穿过人形机器人的质心时，人形机器人质心的角动量就会保持不变，此时 ZMP 与 CMP 重合；而如果地面反力的作用线没有穿过质心，ZMP 和 CMP 就不再重合，人形机器人质心的角动量会发生变化。基于这一理论，2004年，Goswami 等人提出，保持人形机器人质心角动量不变可以作为判断其运动稳定性的标准。

最小化人形机器人质心角动量并不是人形机器人稳定行走的必要条件。实际上，不论是人类还是人形机器人，都能通过随意扭动上半身来保持平衡而不摔倒。在这种情况下，质心角动量可能并不会保持在接近零的状态，只是这样的动作不仅不美观，而且会增加能量消耗。因此，人类在调整质心角动量时，可能更多是为了节省能量和保持步态的优雅，而不是为了避免摔倒。另外，最小化质心角动量也并不是人形机器人保持平衡稳定的充分条件。即使在摔倒的过程中，人类或者人形机器人依然可以通过调整躯干各部位的运动，保持整体质心角动量不变。这表明，人形机器人平衡的稳定性不仅仅依赖于质心角动量的最小化，还需要更复杂的运动控制策略来应对动态的平衡和稳定。

### 3.4.2　质心角动量稳定性判据的局限性

质心角动量主要是从微观角度来分析人形机器人运动的稳定性。它的控制方法适用于那些有脚板的人形机器人。然而，对于没有脚板的人形机器人，情况就有所不同。没有脚板的人形机器人在运动过程中，脚与地面会产生一个欠驱动的自由度，按照这一情况，人形机器人并没有一个稳定状态和稳定性裕度。

## 3.5　本章小结

本章围绕人形机器人步行的稳定性判据展开了讨论，介绍了几种常见的稳定性判据，并详细分析了它们的局限性。首先，讨论了ZMP稳定性判据，它通过确保人形机器人在步行过程中保持零力矩点落在支撑面内来维持稳定。然而，ZMP稳定性判据虽然广泛应用，但在动态复杂环境下存在一定局限性，尤其是在快速运动和不规则地形上表现不足。接着，介绍了基于庞加莱回归映射的稳定性判据，这一方法基于动力系统中的周期轨迹回归特性，用于评估人形机器人在步态循环中的稳定性。庞加莱回归映射提供了更为精细的非线性稳定性分析工具，但其在实际应用中受到诸如高维系统建模复杂等局限性的影响。最后，探讨了质心角动量稳定性判据，该判据通过分析人形机器人质心及其角动量变化来评估其稳定性。但该方法在建模精度和计算复杂性方面存在一定的技术挑战，限制了该判据的实际应用范围。

这三种主要的稳定性判据——零力矩点、庞加莱回归映射和质心角动量，为人形机器人行走稳定性的分析提供了重要的理论基础。在实际应用中，往往需要根据具体的应用场景进行灵活选择和改进，以实现人形机器人步行的稳定性控制。本章为后续进一步研究如何提高人形机器人步行稳定性奠定了理论基础。

## 参考文献

［1］ Kashyap A K，Parhi D R，Kumar S．Dynamic Stabilization of NAO Humanoid Robot Based on Whole-Body Control with Simulated Annealing［J］．International Journal of Humanoid Robotics，2020，17（3）：2050014.

［2］ Alcaraz-Jiménez J J，Herrero-Pérez D，Martínez-Barberá H．Robust feedback control of ZMP-based gait for the humanoid robot Nao［J］．International Journal of Robotics Research，2013，32（9-10）：1074-1088.

［3］ Wang S X，Hu M K，Shi H B，et al．Humanoid Robot's Omnidirectional Walking［C］．Proceedings of the IEEE International Conference on Information and Automation 2015，2015：381-385.

［4］ Li Y J，Wu Z W，Zhong H，et al．The Dynamic Stability Criterion of the Wheel-based Humanoid Robot Based on ZMP Modeling［C］．Proceedings of the 21st Chinese Control and Decision Conference，2009，2349-2352.

［5］ Lee H，Kim M J，Sung E，et al．Walking State Estimation for Biped Robot Using Foot Contact Information［C］．Proceedings of the 18th International Conference on Intelligent Autonomous Systems，2024：521-535.

［6］ Shu X，Ni F L，Fan X Y，et al．A Multi-Configuration Track-Legged Humanoid Robot for Dexterous Manipulation and High Mobility：Design and Development［J］．IEEE Robotics and Automation

Letters, 2023, 8（6）: 3342-3349.

［7］ Mousavi F S, Ghassemi P, Kalhor A, et al. Dynamic Balance of a NAO H25 Humanoid Robot Based on Model Predictive Control［C］. Proceedings of the IEEE 4th International Conference on Knowledge-Based Engineering and Innovation, 2017: 156-164.

［8］ Al-Shuka H F N, Corves B, Zhu W H, et al. Multi-Level Control of Zero-Moment Point-Based Humanoid Biped Robots: A Review［J］. Robotica, 2016, 34（11）: 2440-2466.

［9］ Martin, Putri D I H, Riyanto, et al. Gait Controllers on Humanoid Robot Using Kalman Filter and PD Controller［C］. Proceedings of the 15th International Conference on Control, Automation, Robotics and Vision, 2018: 36-41.

［10］ Dong C C, Yu Z G, Chen X C, et al. Adaptability Control Towards Complex Ground Based on Fuzzy Logic for Humanoid Robots［J］. IEEE Transactions on Fuzzy Systems, 2022, 30（6）: 1574-1584.

［11］ Park H Y, Kim J H, Yamamoto K. A New Stability Framework for Trajectory Tracking Control of Biped Walking Robots［J］. IEEE Transactions on Industrial Informatics, 2022, 18（10）: 6767-6777.

［12］ Park J, Youm Y, Chung W K, et al. Control of Ground Interaction at the Zero-Moment Point for Dynamic Control of Humanoid Robots［C］. Proceedings of the IEEE International Conference on Robotics and Automation, 2005: 1724-1729.

［13］ Vukobratovic M, Juricic D. Contribution to the Synthesis of Biped Gait［J］. IEEE Transactions on Biomedical Engineering, 1969, 16（1）: 1-6.

［14］ Pristovani R D, Rindo W M, Eko B, et al. Basic Walking Trajectory Analysis in FLoW ROBOT ［C］. Proceedings of the 18th IEEE International Electronics Symposium, 2016: 329-334.

［15］ Brecelj T, Petric T. Zero Moment Line-Universal Stability Parameter for Multi-Contact Systems in Three Dimensions［J］. Sensors, 2022, 22（15）: 5656.

［16］ Chung E, Jung H, Chun Y, et al. Swing Foot Pose Control Disturbance Overcoming Algorithm Based on Reference ZMP Preview Controller for Improving Humanoid Walking Stability［C］. Proceedings of the 26th Annual Robot World Cup International Symposium, 2024: 191-202.

［17］ Das R, Chemori A, Kumar N. A Novel Low-Cost ZMP Estimation Method for Humanoid Gait using Inertial Measurement Devices: Concept and Experiments［J］. International Journal of Humanoid Robotics, 2023, 20（01）: 2350003.

［18］ Li Q Q, Meng F, Yu Z G, et al. Dynamic Torso Compliance Control for Standing and Walking Balance of Position-Controlled Humanoid Robots［J］. IEEE-ASME Transactions on Mechatronics, 2021, 26（2）: 679-688.

［19］ Morimoto J, Atkeson C G. Nonparametric Representation of an Approximated Poincar, Map for Learning Biped Locomotion［J］. Autonomous Robots, 2009, 27（2）: 131-144.

［20］ Cho B K, Oh J H. Dynamic Balance of a Hopping Humanoid Robot Using a Linearization Method ［J］. International Journal of Humanoid Robotics, 2012, 9（3）: 1250020.

［21］ Hamed K A, Gregg R D, Ames A D, et al. Exponentially Stabilizing Controllers for Multi-Contact 3D Bipedal Locomotion［C］. Proceedings of the American Control Conference, 2018: 2210-2217.

［22］ Pan Z B, Yin S, Wen G L, et al. Reinforcement Learning Control for a Three-Link Biped Robot with Energy-Efficient Periodic Gaits［J］. Acta Mechanica Sinica, 2023, 39（2）: 522304.

# 第 4 章

# 人形机器人
# 行走步态规划

■ ■ ■ ■ ■ ■ ❯

## 4.1　概述

人形机器人采用单脚和双脚交替支撑的步态，具有很高的灵活性。但由于其结构相对复杂，要实现稳定行走，就需要合理地规划步态，并且有效地控制人形机器人跟踪规划出的步态[1-4]。步态规划的核心就是根据人形机器人所处的实际环境，提前设计出最合适的运动轨迹，然后通过反馈控制系统确保人形机器人实际行走的轨迹与规划轨迹相吻合[5-10]。人形机器人行走规划和控制主要包括基于简化模型的步态规划和基于人工智能算法的步态规划等。

## 4.2　基于简化模型的步态规划方法

基于简化模型的步态规划方法是人形机器人步态规划中常用的技术。它的基本思路是将人形机器人简化成相应的模型，通过该模型来设计理想的步态[11-14]。这样的方法可以使得步态规划更加高效和可控。基于简化模型的步态规划方法通常有几种不同的模型，常见的包括连杆模型、倒立摆模型和小车-桌子（车-桌）模型等。通过这些简化模型，研究人员能够更清楚地了解人形机器人运动的基本原理，从而有效地规划出合适的步态，保证人形机器人能够顺利、稳定地行走。

## 4.2.1　连杆模型的步态规划

基于连杆模型的步态规划方法的特点：它将人形机器人的各个部分简化为质量均匀的刚性连杆。每个连杆之间通过踝关节、膝关节和髋关节连接，建立如图4.1所示的七连杆模型[2]。这种模型能够有效地描述人形机器人的步态和运动规律，因此成为很多实用步态规划的基础。该方法先规划出人形机器人主要关节的运动轨迹。接着，利用几何关系推算出其他关节的运动轨迹。之后，根据人形机器人的物理参数，进一步优化步态参数值。最后，通过逆运动学模型，计算出各个关节的角度轨迹，得出人形机器人的最终步态[15, 16]。

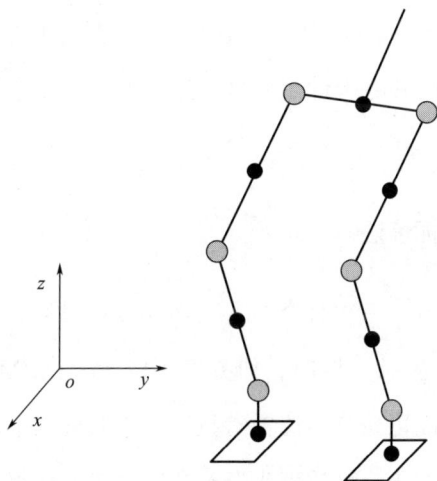

图4.1　人形机器人七连杆模型

根据人形机器人的步态参数、步行环境以及物理结构，在满足各种约束的条件下可采用以下方法规划出各主要关节的运动轨迹。

**（1）初等函数法**

使用初等函数描述人形机器人末端轨迹的方法简单易懂，但它通常更适用于步行周期较短、采样点较多的情况。然而，初等函数描述的轨迹无法保证人形机器人的各个关节的步态在整个步态周期内的光滑连续性。具体来说，使用这种方法可能导致人形机器人关节的加速度在某些时刻出现突变，从而对人形机器人产生较大的冲击，影响其步行的稳定性。因此，在实际应用中，尽管初等函数法简单，但它在一些细节上可能不够理想，特别是在保持步态平滑和减少冲击方面。

**（2）多项式拟合法**

多项式拟合法可以根据各个关节的初始速度、加速度以及连续性等条件，计算出平滑的关节运动轨迹，确保人形机器人的关节运动更加平稳。然而，由于在规划过程中需要满足许多步态约束条件，通常导致所用的多项式次数较高。随着多项式次数的增加，步态轨迹可能会出现振荡现象，从而影响控制的精度和稳定性。此外，这种方法对步态的稳定性分析不够全面。

**（3）三次样条插值法**

Huang 等人采用了三次样条插值法来规划人形机器人摆动腿踝关节和髋关节的运动轨迹[17]。同时，研究者还以最大化 ZMP 稳定性裕度为目标，使用穷举法来优化关节的位置参数，力求获得一个既平滑又稳定的步态。理论上，这种方法能够找到步态参数的全局最优解，即在各种约束条件下得到最理想的步态规划。然而，当需要优化的步态参数较多时，穷举法的过程就会变得非常复杂，计算量也会急剧增大，导致实现起来非常困难。因此，这种方法更适用于离线规划，且适合步态参数较少的情况。

基于连杆模型的步态规划方法具有直观且物理意义明确等优点。基于连杆模型规划的步态能够较好地保证步行的稳定性和关节运动的连续性。然而，在规划过程中，需要考虑人形机器人各个连杆的质量、转动惯量等物理参数，这使得步态规划的过程相对复杂，并且计算量较大。由于这些因素，这种方法更适合用于离线规划。尽管如此，它依然是一种非常有效的步态规划工具。

### 4.2.2 倒立摆模型的步态规划

倒立摆系统是一个多变量、快速响应、非线性和不稳定的系统。要想让其稳定运行，必须采用有效的控制方法。这类控制方法不仅在军工、航天、工业生产领域得到广泛应用，而且在人形机器人等多个领域也发挥着重要作用[18, 19]。倒立摆系统只有采取有效的控制方法才能使之成为一个稳定的系统[20]。倒立摆系统通常用来检验控制策略的效果，是控制理论研究中较为理想的实验装置[21]。人形机器人行走系统与倒立摆系统在许多方面非常相似，尤其在多变量和高阶非线性方面。由于其相似性，倒立摆模型经常被用来为人形机器人的步态规划提供理论支持[22]。研究倒立摆系统的控制策略，可以帮助解决人形机器人在实际行走过程中可能遇到的各种问题。

由于倒立摆系统的行为与人形机器人行走非常相似，因此对倒立摆系统的研究不仅具有重要的理论价值，也具有实际应用意义。倒立摆系统本身的特点使它成为了一个理想的实验系统，能够深入探索和验证各种控制理论的有效性[23, 24]。

人形机器人的步行可以分为两种类型：静态步行和动态步行。静态步行通常是指人形机器人在行走过程中重心变化较小、步伐较为缓慢的一种行走方式；与之相对，动态步行则表现为自身破坏平衡，向前倾倒地行走。人的行走以动态步行为主，倒立摆的移动就属于这种典型的动态步行。

在人形机器人的步态周期中，通常包括两个主要的阶段：双腿支撑阶段和单腿支撑阶段。双腿支撑阶段开始于人形机器人前脚的脚跟接触地面，结束于后脚的脚趾离开地面；而单腿支撑阶段则指在人形机器人身体重心完全依赖于单侧支撑腿时，另一条腿进行步态的前移。在这一过程中，踝关节和髋关节的运动轨迹至关重要，其决定了人形机器人行走的稳定性和效率。膝关节的运动轨迹则是由这两个关节的动作共同决定的。如果忽略人形机器人的腿部质量，可以将人形机器人简化为一个倒立摆模型，从而使得步态规划分析更加简洁。

基于倒立摆模型的步态规划相较于连杆模型方法，能更直观地表达人形机器人在行走过程中的动态特性。假设人形机器人各部分质量可以视为集中在一个质点上，并通过一根无质量的可伸缩杆与支撑点连接，这样可以得到一个理想化的三维线性倒立摆模型。通过这种简化的模型，可以较为容易地分析人形机器人的步态，如图4.2所示。

三维线性倒立摆的重要特性之一在于，如果将其运动投影到任意两个相互垂直的观测面上，会观测到两个独立的二维线性倒立摆的运动。换句话说，三维线性倒立摆的运动实际上可以视为两个二维线性倒立摆运动的组合。由于这一特性，首先需要对二维线性倒立摆的运动进行详细分析和理解。

一个简单的二维线性倒立摆模型由质心以及连接质心与支撑点的无质量、可伸缩的"腿"组成。质心被约束在二维平面上的一条直线上，只在重力以及腿的伸缩力作用下运动，以支撑点为原点建立局部坐标系，如图4.3所示。

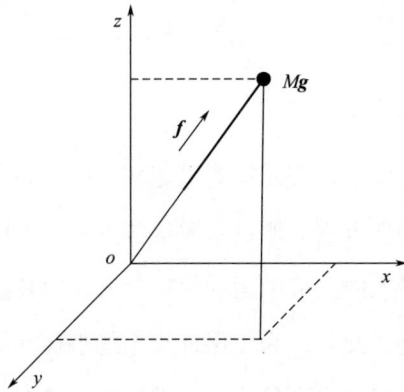

图4.2　三维线性倒立摆模型

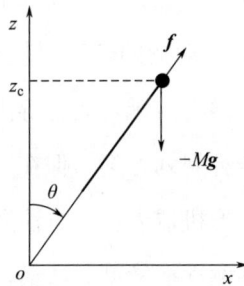

图4.3　简单二维线性倒立摆示意图

在图4.3中，假设质心被约束在直线$z=z_c$上，由质心的受力分析可知：

$$Mg = f \cos\theta \qquad\qquad (4.1)$$

$$M\ddot{x} = f \sin\theta \qquad\qquad (4.2)$$

进而可以推导出：

$$\ddot{x} = w^2 x \tag{4.3}$$

其中，$w = \sqrt{g/z_c}$。

根据预期的步行要求，首先需要设定相应的步态参数，以便进一步推导倒立摆模型的运动学方程。通过求解这些方程，可以得到质心的运动轨迹，从而为人形机器人髋关节的运动提供参考，使其能够有效地跟踪倒立摆模型中的质心轨迹。此外，为了保证步态的平稳性与稳定性，可以采用多项式插值等方法，规划出满足这些要求的摆动腿踝关节的运动轨迹。在髋关节和踝关节的运动轨迹规划完成后，进一步利用人形机器人的逆运动学模型，求解出各关节的角度轨迹，以确保人形机器人的整体步态表现。

倒立摆模型利用人形机器人整体质心的运动学特性来简化步态规划问题。尽管如此，该方法有其局限性：它假设人形机器人各部分的质量都集中在一个点上，因此忽略了摆动腿的转动惯量和质量对运动轨迹的影响，同时也未考虑各关节间的摩擦力、耦合效应等因素。这种简化假设在理论上能提供一个较为理想的步态规划方案，但在实际应用中，特别是对于腿部质量和转动惯量较大的人形机器人，该方法所得到的结果与真实运动存在一定的误差。因此，这种倒立摆模型方法最适用于那些腿部转动惯量和质量相对较小的轻型人形机器人步态规划。

### 4.2.3 车-桌模型的步态规划

该方法通过将人形机器人简化为车-桌模型来进行分析，如图4.4所示。在模型中，人形机器人的步行被看作一个质量为 $M$ 的小车在质量非常小的桌面上运动。由于桌子的支撑脚相比小车的运动范围要小得多，当小车运动到桌子边缘时，系统有可能会失去平衡并倾倒。但是，如果小车的速度合适，桌子可以保持平稳[25, 26]。该方法需要先给定人形机器人期望的轨迹。然后，根据车-桌模型计算出相应的质心运动轨迹。接着，让人形机器人的髋关节跟踪该质心运动，同时结合插值等方法规划踝关节的运动轨迹。最后，通过几何关系求得膝关节的运动轨迹。基于车-桌模型方法的计算需要比较长的时间[27, 28]。并且，该方法也不适合步行过程中上半身姿态大幅变化、手臂摆动的人形机器人。

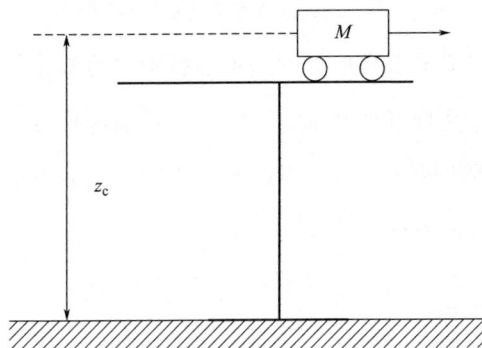

图4.4 人形机器人的车－桌模型

## 4.3 基于人工智能的步态规划方法

随着人工智能技术的迅猛发展，越来越多具备自我学习、自我适应和容错能力的智能算法，如神经网络和遗传算法，已经被应用到步态规划的研究中[29-32]。这些算法能够通过大量数据训练和反馈调整，使人形机器人在行走时更加灵活和稳定。近年来，随着深度学习和强化学习的兴起，步态规划的研究也有了新的突破。许多研究者开始尝试使用这些前沿技术，从全新的角度来解决人形机器人在步态规划中的问题[33-37]。这些新兴技术的引入，使得人形机器人步态规划变得更加智能化和高效。

### 4.3.1　模糊控制算法步态规划

该方法利用预设的人形机器人步态初始参数以及实时监测到的步行状态参数，作为模糊控制器的输入变量，并将各关节的角度或驱动力矩作为输出变量。通过相应的模糊控制规则，生成人形机器人步行过程中的步态[38, 39]。然而，人形机器人的姿态经常处于不确定状态，步行环境复杂多变，这些复杂的情况常常使得问题更加棘手。此外，所需要的模糊控制规则数量庞大，并且难以精确确定。因此，目前这种方法大多应用于简单的、关节自由度较少的人形机器人的步态规划中，尚不适合处理复杂环境下的人形机器人步态规划。

### 4.3.2　神经网络步态规划

该方法首先在人形机器人每个步态周期内，收集各关节的广义坐标及其变化量，并将这些数据作为神经网络的输入节点变量。然后，设定一定数量的中间神经元，并以各关节的驱动力矩或角度等作为输出节点，实现人形机器人的步态规划[40]。然而，为了确定神经元之间的权重，该方法需要大量的训练数据和长时间的计算过程。而且，其在构建训练样本空间和解决收敛性问题上仍然存在不少挑战。因此，尽管这一方法在理论上有潜力应用于人形机器人步态规划，但实际应用中仍需克服许多技术难题。

### 4.3.3　遗传算法步态规划

该方法首先通过设定人形机器人的主要关节在关键时刻的参数，结合多项式插值等技术，生成参数化的步态；然后，采用遗传算法优化这些步态参数，以确保步态的稳定性等性能指标达到最优；最终得出一个具有较强稳定性的期望步态[4, 41-43]。然而，这种方法在使用多项式插值时，由于插值的阶数较高，容易出现振荡。同时，遗传算法的计算过程较为复杂，所需的计算资源较多，实时性也不强。因此，这种方法更适用于离线步态规划，可以在离线状态下优化和调整已经规划好的步态参数。

## 4.4 步态规划方法比较

基于简化模型的步态规划方法通过简化人形机器人的结构，减少了计算的难度，并为初步步态规划提供了理论支持。但是，基于简化模型的步态规划方法忽略了不同平面运动的耦合作用。因此，将规划的步态用于人形机器人样机进行步态测试时，会出现一些问题。基于简化模型的步态规划方法在步态规划中只考虑了稳定性约束，而没有充分考虑其他因素，这可能导致人形机器人出现能耗高等问题。此外，步态规划都是在理想化的环境假设下进行的，这使得它在面对真实、动态变化的实际环境时，可能会出现适应性和抗干扰能力较差的问题。

基于人工智能的步态规划方法为步态规划提供了更强的自适应性与智能性。通过模糊控制算法、神经网络和遗传算法等不同的智能方法，人形机器人能够更加灵活地应对复杂的行走环境和多变的任务要求。通过这些技术，人形机器人能够更好地适应不同的地形、避障需求，甚至根据环境的变化自动调整步态，从而提高其行走的稳定性和效率。然而，尽管这些人工智能方法在步态规划上具有明显优势，但也存在一些缺点。首先，这些方法通常需要更强的计算能力，计算复杂度较高，这使得实时应用时可能会遇到性能瓶颈。其次，资源消耗较大，尤其在处理大规模数据时，可能会影响人形机器人的能效和响应速度。再者，这些智能算法的决策过程较为复杂，缺乏透明度和可解释性，这使得调试和优化过程变得困难。一且出现问题，排查和修复也相对麻烦。

考虑到上述步态规划方法各自存在的不足，结合几种不同的步态规划技术可能是一个更好的解决方案。比如，结合人形机器人的连杆模型和三次样条插值方法，先规划出一个满足步行要求的参数化步态。然后，为了进一步提高步态的性能，使用智能算法进行优化。优化目标可以是多方面的，比如，最小化步行过程中的能耗或者最小化关节驱动力矩等。通过智能算法，如粒子群优化算法，对步态的关键参数进行优化调整，从而得到一个更加理想的步态。这种综合的步态规划方法，不仅能够提高步态的稳定性和智能性，还能根据不同的优化目标，灵活地调整步态参数，确保人形机器人在实际行走时的表现更加高效和稳定。

## 4.5 本章小结

本章主要探讨了人形机器人行走步态规划的几种方法，并根据不同的模型和技术手段进行了分类和分析。首先，基于简化模型的步态规划方法中，介绍了三种经典的模型：连杆模型、倒立摆模型以及车-桌模型。它们通过不同的简化假设，将复杂的人形机器人步态问题转化为易于处理的物理模型，提供了较为直观的解决方案。这些模型为后续更复杂的步态规划奠定了基础。其次，基于人工智能的步态规划方法也逐渐成为研究的重点。模糊控制算法通过模糊逻辑来处理步态中的不确定性问题；神经网络则通过学习复杂的步态模式，能够在动态环境中表现出较强的适应能力；遗传算法通过模拟自然进化过程，寻找全局最优解，为步态规划提供了另一种有效手段。最后，针对不同的步态规划方法进行了对比，从模型的简化程度、计算复杂性、适应性和优化能力等多个角度进行了分析，为未来的人形机器人步态规划研究提供了有价值的参考。总体而言，本章为人形机器人步态规划提供了较为全面的理论基础与方法论支持，通过结合简化模型与人工智能技术，展现了该领域的多样性与发展潜力。

# 参考文献

[ 1 ] Juang L H. HumanoidRobot Runs Up-Down Stairs Using Zero-Moment with Supporting Polygons Control [ J ]. Multimedia Tools and Applications，2023，82（9）：13275-13305.

[ 2 ] Wang B P，Du Y Q，Sun X Y，et al. Study of Humanoid Robot Gait Based on Human Walking Captured Data [ C ]. Proceedings of the 34th Chinese Control Conference，2015：4480-4485.

[ 3 ] Song Z T，Gao L，Hu C H，et al. A Gait Planning Method for Humanoid Robot to Step Over Discrete Terrain [ C ]. Proceedings of the 5th IEEE International Conference on Advanced Robotics and Mechatronics，2020：507-512.

[ 4 ] Yang Y，Liu Y D，Zhang Y J，et al. Multi-parameter Optimization for Humanoid Robot Climbing Stairs [ C ]. Proceedings of the IEEE International Conference on Robotics and Biomimetics，2017：2573-2578.

[ 5 ] Zhang H Y，Zhang L，Yuan F，et al. Target Location and Gait Planning for Humanoid Robot Climbing Stairs [ C ]. Proceedings of the 4th IEEE International Conference on Advanced Robotics and Mechatronics，2019：888-893.

[ 6 ] Wang M Y，Wang R C，Zhao J H，et al. An Optimized Algorithm Based on Energy Efficiency for Gait Planning of Humanoid Robots [ C ]. Proceedings of the 44th Annual Conference of the IEEE Industrial-Electronics-Society，2018：5612-5617.

[ 7 ] Zhang L，Zhang H Y，Xiao N，et al. Gait planning and control method for humanoid robot using improved target positioning [ J ]. Science China-Information Sciences，2020，63（7）：170210.

[ 8 ] Wang L Q，Li X，Zhang Y D. One of the Gait Planning Algorithm for Humanoid Robot Based on CPG Model [ C ]. Proceedings of the 10th International Conference on Intelligent Robotics and Applications，2017：835-845.

[ 9 ] Zhang X H，Zhao M G. Humanoid Robot Gait Planning Based on Virtual Supporting Point [ C ]. Proceedings of the IEEE International Conference on Robotics and Biomimetics，2018：588-593.

[ 10 ] Tao C B，Xue J，Zhang Z F，et al. Gait Optimization Method for Humanoid Robots Based on Parallel Comprehensive Learning Particle Swarm Optimizer Algorithm [ J ]. Frontiers in Neurorobotics，2021，14：600885.

[ 11 ] Zhang Z，Zhang L，Xin S，et al. Robust Walking for Humanoid Robot Based on Divergent Component of Motion [ J ]. Micromachines，2022，13（7）：1095.

[ 12 ] Drama Ö，Badri-Spröwitz A. Trunk Pitch Oscillations for Joint Load Redistribution in Humans and Humanoid Robots [ C ]. Proceedings of the IEEE-RAS 19th International Conference on Humanoid Robots，2019：531-536.

[13] Vedadi A, Sinaei K, Abdolahnezhad P, et al. Bipedal Locomotion Optimization by Exploitation of the Full Dynamics in DCM Trajectory Planning [C]. Proceedings of the 9th RSI International Conference on Robotics and Mechatronics, 2021: 365-370.

[14] Cipriano M, Maximo M, Scianca N, et al. Feasibility-Aware Plan Adaptation in Humanoid Gait Generation [C]. Proceedings of the IEEE-RAS 22nd International Conference on Humanoid Robots, 2023: 1-8.

[15] Sudheer A P, Vijayakumar R, Mohandas K P. Optimum Stable Gait Planning for an 8 Link Biped Robot Using Simulated Annealing [J]. International Journal of Simulation Modelling, 2011, 10 (4): 177-190.

[16] Singh R, Chaudhary H, Singh A K. Sagittal Position Analysis of Gait Cycle for a Five Link Biped Robot [C]. Proceedings of the 28th International Conference on CAD/CAM, Robotics and Factories of the Future, 2016: 387-396.

[17] Huang Q, Yokoi K, Kajita S, et al. Planning Walking Patterns for a Biped Robot [J]. IEEE Transactions on Robotics and Automation, 2001, 17 (3): 280-289.

[18] Li T S, Ho Y F, Kuo P H, et al. Natural Walking Reference Generation Based on Double-Link LIPM Gait Planning Algorithm [J]. IEEE Access, 2017, 5: 2459-2469.

[19] Yu G C, Zhang J P, Bo W. Biped Robot Gait Planning Based on 3D Linear Inverted Pendulum Model [C]. Proceedings of the 5th Annual International Conference on Material Science and Environmental Engineering, 2018.

[20] Dong S, Yuan Z H, Yu X J, et al. On-Line Gait Adjustment for Humanoid Robot Robust Walking Based on Divergence Component of Motion [J]. IEEE Access, 2019, 7: 159507-159518.

[21] Kashyap A K, Parhi D R. Particle Swarm Optimization Aided PID Gait Controller Design for a Humanoid Robot [J]. Isa Transactions, 2021, 114: 306-330.

[22] Ryoo Y J. Walking Engine Using ZMP Criterion and Feedback Control for Child-Sized Humanoid Robot [J]. International Journal of Humanoid Robotics, 2016, 13 (4): 1650021.

[23] Yang T Q, Zhang W M, Chen X C, et al. Turning Gait Planning Method for Humanoid Robots [J]. Applied Sciences-Basel, 2018, 8 (8): 1257.

[24] Tanguy A, De Simone D, Comport A I, et al. Closed-loop MPC with Dense Visual SLAM - Stability through Reactive Stepping [C]. Proceedings of the IEEE International Conference on Robotics and Automation, 2019: 1397-1403.

[25] Yang J, Wu J, Xiong R. Motion Modeling for Humanoid Robot Walking on Slopes [C]. Proceedings of the International Conference on Advanced Design and Manufacturing Engineering, 2011: 2139-2145.

[26] Dafarra S, Nava G, Charbonneau M, et al. A Control Architecture with Online Predictive Planning for Position and Torque Controlled Walking of Humanoid Robots [C]. Proceedings of the 25th IEEE/ RSJ International Conference on Intelligent Robots and Systems, 2018: 8559-8566.

[27] Arbulu M, Balaguer C. Real-Time Gait Planning for the Humanoid Robot Rh-1 Using the Local Axis Gait Algorithm [J]. International Journal of Humanoid Robotics, 2009, 6 (1): 71-91.

[28] Arbulu M, Balaguer C. Real-Time Gait Planning for Rh-1 Humanoid Robot, Using Local Axis Gait Algorithm [C]. Proceedings of the 7th IEEE/RAS International Conference on Humanoid Robots, 2007: 563-568.

［29］Azarkaman M, Aghaabbasloo M, Salehi M E, et al. Evaluating GA and PSO Evolutionary Algorithms for Humanoid Walk Pattern Planning ［C］. Proceedings of the 22nd Iranian Conference on Electrical Engineering, 2014: 868-873.

［30］Fan Y A, Pei Z C, Wang C, et al. A Review of Quadruped Robots: Structure, Control, and Autonomous Motion［J］. Advanced Intelligent Systems, 2024, 6（6）: 1-26.

［31］Liu J, Zhu J W, Zhao D, et al. Integrated Optimization Design and Motion Control of Multi-Configuration Unmanned Metamorphic Vehicle［J］. Advanced Engineering Informatics, 2024, 59: 102325.

［32］Zhang X, Xiong J, Weng S K, et al. A Modified Gait Planning Method for Biped Robot Based on Central Pattern Generators ［C］. Proceedings of the IEEE International Conference on Information and Automation 2015, 2015: 1551-1555.

［33］Semwal V B, Kim Y, Bijalwan V, et al. Development of the LSTM Model and Universal Polynomial Equation for All the Sub-Phases of Human Gait［J］.IEEE Sensors Journal, 2023, 23（14）: 15892-15900.

［34］Thien H T, Kien C V, Anh H P H. Optimized Stable Gait Planning of Biped Robot Using Multi-Objective Evolutionary JAYA Algorithm［J］. International Journal of Advanced Robotic Systems, 2020, 17（6）: 1729881420976344.

［35］Liu Y D, Bi S, Dong M, et al. A Reinforcement Learning Method for Humanoid Robot Walking ［C］. Proceedings of the 8th IEEE Annual International Conference on Cyber Technology in Automation, Control, and Intelligent Systems, 2018: 623-628.

［36］Wang S, Piao S H, Leng X K, et al. Learning 3D Bipedal Walking with Planned Footsteps and Fourier Series Periodic Gait Planning［J］. Sensors, 2023, 23（4）: 1873.

［37］Zhou Z J, Yang S Q, Ni Z S, et al. Pedestrian Navigation Method Based on Machine Learning and Gait Feature Assistance［J］. Sensors, 2020, 20（5）: 1530.

［38］Wu L F, Li T S. Fuzzy Dynamic Gait Pattern Generation for Real-Time Push Recovery Control of a Teen-Sized Humanoid Robot［J］. IEEE Access, 2020, 8: 36441-36453.

［39］Ozawa R, Kamogawa Y, Tamura Y, et al. Gait Pattern Generation under Disturbance Force ［C］. Proceedings of the 16th International Conference on Control, Automation and Systems, 2016: 1127-1131.

［40］Panwar R, Sukavanam N. Trajectory Tracking Using Artificial Neural Network for Stable Human-Like Gait with Upper Body Motion［J］. Neural Computing & Applications, 2020, 32（7）: 2601-2619.

［41］Gupta P, Pratihar D K, Deb K. Analysis and Optimization of Gait Cycle of 25-DOF NAO Robot Using Particle Swarm Optimization and Genetic Algorithms［J］. International Journal of Humanoid Robotics, 2024, 21（02）: 2350011.

［42］Sadedel M, Yousefi-Koma A, Khadiv M, et al. Heel-Strike and Toe-Off Motions Optimization for Humanoid Robots Equipped with Active Toe Joints［J］. Robotica, 2018, 36（6）: 925-944.

［43］Khadiv M, Moosavian S, Ali A, Yousefi-Koma A, et al. Optimal Gait Planning for Humanoids with 3D Structure Walking on Slippery Surfaces［J］. Robotica, 2017, 35（3）: 569-587.

# 第5章
# 人形机器人
# 机械手运动控制

## 5.1 概述

　　人形机器人机械手是机器人技术中的一个关键研究方向，主要目的是让人形机器人能够像人类一样进行精细的操作和复杂的运动。人形机器人机械手的运动控制直接影响人形机器人执行精细任务时的灵活性和准确度[1-3]。作为人形机器人系统中的重要组件，机械手的设计与控制在人形机器人整体性能中起着至关重要的作用[4]。为了实现精确的控制，人形机器人机械手的设计和控制不仅仅依赖于单一领域的技术，而是需要涉及多个学科的知识，比如机械设计、控制理论和人工智能等[5-11]。为了更好地控制人形机器人机械手的动作，需要从多个方面进行深入探讨，包括驱动方式、轨迹规划和控制策略。本章首先探讨了人形机器人机械手的驱动方式，介绍了四种主要的驱动技术：电机驱动、液压驱动、气压驱动和形状记忆合金驱动。这些驱动方式各具特点，适用于不同的应用场景。接着，本章讨论了人形机器人机械手的轨迹规划问题，分别从关节空间和笛卡儿空间两个层面进行分析。最后，介绍了人形机器人机械手控制，重点阐述了自由空间控制和约束空间控制。通过综合这些驱动方式、轨迹规划和控制策略的研究，能够实现更为精准、灵活和高效的人形机器人机械手，为复杂任务的执行提供技术支持。

## 5.2 人形机器人机械手驱动方式

为了让人形机器人机械手的各个手指关节能够协调运动，就必须有一个能够提供动力的装置，确保人形机器人机械手能够顺利运转，这个装置就是驱动系统。驱动系统在人形机器人机械手中发挥着至关重要的作用，它为人形机器人机械手提供必要的动力，使得手指关节能够按照预定的方式进行运动[12-15]。人形机器人机械手的驱动方式有多种，常见的包括电机驱动、液压驱动、气压驱动以及形状记忆合金驱动等[16-19]。无论采用哪种驱动方式，它们的技术指标通常都包括以下几个方面：输出力矩、控制性能、外形尺寸、重量、使用方便性、寿命以及成本等[20, 21]。这些指标反映了驱动系统的基本性能和使用特点，有助于评估其是否适合特定的应用需求。驱动系统通常输出两种主要的运动形式：直线运动和曲线运动。根据人形机器人机械手的设计和运动需求，有时需要通过一些特殊的机械结构，将这两种运动形式相互转化，以满足复杂的操作需求。

### 5.2.1 电机驱动

电机驱动是传统的驱动方式之一，在很多领域中都得到了广泛的使用。电机驱动有许多显著的优点。首先是加速性能好，能迅速响应控制信号。其次，电机驱动系统容易实现精确的运动控制，能够满足高精度的任务需求。同时，电机的成本相对较低，调速范围也非常宽广，能够适应不同速度和负载的需求。此外，电机能够提供较好的动静态性能，这使得电机驱动在许多领域已经非常成熟，并且技术稳定，产品种类丰富[18, 22-24]。不过，人形机器人机械手的结构空间通常比较紧凑，因而在很多情况下需要使用微型电机。此外，电机驱动的推力相对较小，因此它更适合用于中等负载的任务，尤其是那些需要复杂动作和高精度的场景[25, 26]。电机驱动由于其综合性能较好，在人形机器人机械手领域有着广泛的应用，尤其是在对精度要求高、动作复杂的任务中表现出色。

## 5.2.2 液压驱动

液压驱动的主要优点是能够提供非常强的操作力，因此能够驱动较大的负载。这使得它在需要大力量的任务中非常有效。此外，液压驱动在过载时具有较高的安全性。液压系统内部通常有较好的润滑条件，这有助于减少磨损并提高使用寿命。另外，液压驱动还可以无级调速实现无间隙传动[27-29]。然而，液压驱动也有一些不足之处。首先，它的传动效率相对较低。液压系统的性能也容易受到温度变化的影响，温度过高或过低时，液压油的黏度变化可能会导致系统运行不稳定。同时，液压系统还可能出现泄漏问题，导致效率降低并增加维护成本。此外，液压驱动的传动比不容易保持精确，容易发生波动，且液压油也容易受到污染，这可能会对系统产生影响。最后，液压系统的成本相对较高，而且通常需要额外的液压动力装置，将电能转换为液压能，这使得整个系统的体积和占用空间较大。因此，液压驱动一般用于大型工业机械手，而在人形机器人机械手系统中，由于体积、成本和能效等方面的限制，液压驱动的应用存在较大局限性。

## 5.2.3 气压驱动

气压驱动与液压驱动的工作原理非常相似，都是利用压缩气体或液体传递动力，但气压驱动相比液压驱动有几个明显的优势：

① 传动介质为空气，空气可以随时取用，排放也非常方便，而且不会对环境造成污染；

② 空气的黏度较小，在传送过程中，压力损失相对较少；

③ 压缩空气的压力较低，对气动元件的要求相对较低；

④ 使用安全，气压系统不涉及易燃易爆的液体或气体，因此不存在需要防爆或防燃的特殊要求，使用起来相对安全。

总体来说，气压驱动的优点包括清洁、安全、气源容易获取且排放后不污染环境，同时系统成本较低，这使得它在许多应用中具备一定的优势[30, 31]。然而，气压驱动也有一些明显的缺点。首先，它的操作力较小，因此不适合需要较大力量的任务。其次，气压驱动的灵敏度较差，动作较为粗糙，难以进行精确控制，尤其是在需要对位置进行精细调节时，精度往往不能满足要求。此外，压缩空气中可能含有水分，这些水分会导致金属零件生锈，从而影响人形机器人机械手的正常运行。最后，气压系统的排气过程可能产生噪声，这在某些环境中可能是一个不小的缺点。因此，气压驱动通常适用于那些对精度要求不高、主要进行点位控制的系统。

## 5.2.4　形状记忆合金驱动

形状记忆合金在航空航天和医疗领域有着广泛的应用。这种合金之所以叫作形状记忆合金，是因为它具有一个特殊的性质：可以在某一温度以上将该合金加工成特定的形状；然后，当它被冷却到低于转变温度，如果人为改变了它的形状，合金在再次加热到该温度以上时，会自动恢复到最初加工时的形状。形状记忆合金的独特性质使得它在某一特定温度下能够恢复之前的形状，具有很好的弯曲性和塑性[32, 33]。

将形状记忆合金应用到人形机器人机械手中，有一些独特的优势。比如，它的反应速度非常快，能够迅速响应控制信号。但是，这种形状记忆合金也有一些明显的缺点，最主要的是它容易疲劳，经过多次使用后会失去恢复原形的能力，寿命较短。因此，尽管形状记忆合金具有很大的潜力，但在目前的技术水平下，它还不太可能成为人形机器人机械手的主要驱动元件，特别是在需要长时间、高强度工作的场合。

## 5.3　人形机器人机械手轨迹规划

人形机器人机械手轨迹规划的核心目的是设计一个既稳定又具有鲁棒性的算法，以实现对人形机器人机械手的精确控制。具体来说，人形机器人机械手轨迹规划就是确定每个手指的各个关节在运动过程中位置、速度和加速度随时间的变化规律。这个问题在人形机器人学中非常重要[34-36]。为了让人形机器人机械手能够顺利完成任务，轨迹规划不仅要考虑如何控制手指的运动，还要保证这些运动在不同的工作条件下都能够稳定、准确地执行。

在人形机器人技术中，人形机器人机械手的轨迹指的是人形机器人机械手在运动过程中的位置、速度和加速度。而人形机器人机械手轨迹规划就是根据任务的具体要求，计算出人形机器人机械手需要执行的预期运动轨迹[37-40]。具体而言，进行人形机器人机械手轨迹规划时，一般需要按照以下几个步骤来进行。首先，要明确人形机器人机械手的任务目标、运动路径以及轨迹要求。换句话说，首先得弄清楚人形机器人机械手要完成什么样的工作，它需要沿着什么样的路线运动。接下来，在计算机中对这些要求进行精确描述。通过数学模型或其他方法，将任务的轨迹需求转化为计算机能够理解的数据格式。最后，根据这些描述，计算机会实时地计算出人形机器人机械手运动的位移、速度和加速度等参数，进而生成最终的人形机器人机械手运动轨迹。这一过程的目标是确保人形机器人机械手能够在执行任务时，精确地按照预定路径进行运动，达到预期的效果。

　　人形机器人机械手轨迹规划可以在关节空间或笛卡儿空间中进行，但无论在哪个空间中，所规划的轨迹函数都必须是连续和平滑的，这样才能确保人形机器人机械手的运动平稳、不发生剧烈的跳跃或不必要的振动[41, 42]。在关节空间中进行轨迹规划，即通过时间函数来表示人形机器人机械手的关节变量。通过对这些函数求一阶和二阶导数，可以得出人形机器人机械手的运动状态，具体包括每个关节的位置、速度和加速度如何随时间变化。通过这些计算，能够清楚地知道每个关节在每一时刻的确切值，从而推算出人形机器人机械手指尖在空间中的位姿。这种方法的优点是控制方式相对简单直接，计算也较为容易。但是，这种方式的缺点在于，人形机器人机械手手指在工作空间中的运动轨迹却不直观，并且不容易获取指尖在此坐标系中的具体位置。由于在人形机器人机械手轨迹规划过程中并没有对手指在工作空间中的运动进行有效的条件约束，因此手指各个连杆在运动时可能与工作空间中的障碍物发生碰撞，这不仅会影响任务执行，还可能对人形机器人机械手造成损害，甚至带来安全风险。相比之下，笛卡儿空间中的轨迹规划则是从已知的人形机器人机械手指尖在工作空间中某一具体位置信息出发，求解出对应的手指关节位置、速度和加速度。这种方法的优势在于，规划出的人形机器人机械手轨迹更加直观清晰，特别是对指尖的运动轨迹的控制更加准确。然而，驱动手指连杆运动的电机通常安装在手指的关节处，所以需要将笛卡儿坐标系中的约束条件转换为关节坐标系中的关节参数才能进行计算。这就涉及逆运动学的运算，而逆运动学的计算量通常非常大，且在计算过程中，可能会出现一些奇异点。这些奇异点会影响人形机器人机械手的轨迹规划。

### 5.3.1 关节空间轨迹规划

关节空间中的人形机器人机械手轨迹规划是以关节变量函数来描述人形机器人机械手的运动轨迹[43]。在对人形机器人机械手进行关节变量空间中的轨迹规划时，通过人形机器人机械手的齐次坐标变换矩阵来计算出手指的位姿点。然后，通过逆运动学方程可以求出指尖在每个路径点上对应的关节变量。针对得到的每一个关节变量，采用关节变量值拟合一个表示该关节轨迹的时间函数，从而实现对人形机器人机械手手指的运动控制。

关节空间中的轨迹规划具有以下几个优点：首先，轨迹规划算法较为简单，运行速度快；其次，关节变量以时间函数的形式表达，能够直接拟合成关节轨迹用于控制运动，从而避免了复杂的逆运动学求解；此外，由于关节空间与笛卡儿空间之间缺乏直接的连续对应关系，这样可以避免奇异现象的出现。接下来，本节将介绍多项式规划方法。

#### 5.3.1.1 三次多项式规划

考虑在给定时间内将工具从初始位置移动到目标位置的问题。应用逆运动学可以解出对应于目标位姿的各个关节转角。初始位置已知，在 $t_0$ 时刻对应的初始转角为 $\theta_0$。在运动到目标点 $t_d$ 时刻的关节转角为 $\theta_d$。$\theta(t)$ 为关节在任意 $t$ 时刻的转角，为了确保关节在运动过程中平稳，轨迹函数 $\theta(t)$ 至少需要满足四个约束条件，其中两个是起始点和终止点对应的关节角度：

$$\begin{cases} \theta(0) = \theta_0 \\ \theta(t_d) = \theta_d \end{cases} \tag{5.1}$$

除此之外，还需要考虑速度以保证整个运动过程的稳定性和精度，即在初始时刻和终止时刻关节速度为零：

$$\begin{cases} \dot{\theta}(0) = 0 \\ \dot{\theta}(t_d) = 0 \end{cases} \quad （5.2）$$

满足这四个约束条件的多项式的次数至少为3，进而确定了唯一一个三次多项式为：

$$\theta(t) = a_0 + a_1 t + a_2 t^2 + a_3 t^3 \quad （5.3）$$

其中，$a_0$、$a_1$、$a_2$ 和 $a_3$ 为所要求的系数。

对上式求一、二阶导数，得到速度和加速度如下：

$$\begin{cases} \dot{\theta}(t) = a_1 + 2a_2 t + 3a_3 t^2 \\ \ddot{\theta}(t) = 2a_2 + 6a_3 t \end{cases} \quad （5.4）$$

整理上式得：

$$\begin{cases} \theta_0 = a_0 \\ \theta_d = a_0 + a_1 t_d + a_2 t_d^2 + a_3 t_d^3 \\ 0 = a_1 \\ 0 = a_1 + 2a_2 t_d + 3a_3 t_d^2 \end{cases} \quad （5.5）$$

对上式方程求解，可得：

$$\begin{cases} a_0 = \theta_0 \\ a_1 = 0 \\ a_2 = 3(\theta_d - \theta_0)/t_d^2 \\ a_3 = -2(\theta_d - \theta_0)/t_d^3 \end{cases} \quad （5.6）$$

整理上式得：

$$\theta(t) = \theta_0 + \frac{3}{t_d^2}(\theta_d - \theta_0)t^2 - \frac{2}{t_d^3}(\theta_d - \theta_0)t^3 \qquad (5.7)$$

式（5.7）就是人形机器人机械手关节的轨迹函数。关节速度和加速度表达式如下：

$$\begin{cases} \dot{\theta}(t) = \frac{6}{t_d^2}(\theta_d - \theta_0)t + \frac{6}{t_d^3}(\theta_0 - \theta_d)t^2 \\ \ddot{\theta}(t) = \frac{6}{t_d^2}(\theta_d - \theta_0) + \frac{12}{t_d^3}(\theta_0 - \theta_d)t \end{cases} \qquad (5.8)$$

三次多项式具有较低的次数，计算量小且数值稳定，是能够同时保持位置和速度连续的最低次多项式。通过三次多项式规划，可以确保关节位置和速度在运动过程中平滑过渡。然而，该方法并未考虑加速度的约束条件。因此，虽然三次多项式能够提供一定的运动平滑性，但在实际应用中，无法充分保证加速度的稳定性，从而可能影响系统的整体稳定性和控制精度。

### 5.3.1.2　五次多项式规划

在多项式轨迹规划中，低次多项式虽然计算简单，但往往无法有效控制加速度，可能会导致加速度的突变或跳跃，这不仅影响人形机器人机械手的平稳运动，还可能导致负载过高，从而对系统产生负担。而高次多项式虽然能够更好地控制加速度，确保人形机器人机械手在运行过程中更加平稳，但它的计算复杂度较高，计算时间长，这使得在一些需要快速反应的任务中，可能无法迅速完成操作。相比较而言，五次多项式规划具有很大的优势。它能够很好地平衡加速度、运行时间和负载要求。因此，在规划人形机器人机械手的抓取运动时，采用五次多项式规划算法可以确保人形机器人机械手的运动更加平稳、准确，避免不必要的振动和负荷，提高任务完成的效率。五次多项式规划算法可以满足人形机器人机械手在实际操作中对运动平稳性、时间效率和负载控制的综合要求，确保人形机器人能够顺利执行抓取等精密操作。

五次多项式规划中，对于运动轨迹的要求也更严格。约束条件如下：

$$\begin{cases} \theta(t_0) = \theta_0 \\ \theta(t_d) = \theta_d \\ \dot{\theta}(t_0) = \dot{\theta}_0 \\ \dot{\theta}(t_d) = \dot{\theta}_d \\ \ddot{\theta}(t_0) = \ddot{\theta}_0 \\ \ddot{\theta}(t_d) = \ddot{\theta}_d \end{cases} \tag{5.9}$$

由上式约束条件即可确定一个唯一的五次多项式为：

$$\theta(t) = a_0 + a_1 t + a_2 t^2 + a_3 t^3 + a_4 t^4 + a_5 t^5 \tag{5.10}$$

其中，$a_0$、$a_1$、$a_2$、$a_3$、$a_4$ 和 $a_5$ 为所要求的系数。

对上式求一、二阶导数，得到：

$$\begin{cases} \dot{\theta}(t) = a_1 + 2a_2 t + 3a_3 t^2 + 4a_4 t^3 + 5a_5 t^4 \\ \ddot{\theta}(t) = 2a_2 + 6a_3 t + 12a_4 t^2 + 20a_5 t^3 \end{cases} \tag{5.11}$$

整理上式得：

$$\begin{cases} \theta_0 = a_0 \\ \theta_d = a_0 + a_1 t_d + a_2 t_d^2 + a_3 t_d^3 + a_4 t_d^4 + a_5 t_d^5 \\ \dot{\theta}_0 = a_1 \\ \dot{\theta}_d = a_1 + 2a_2 t_d + 3a_3 t_d^2 + 4a_4 t_d^3 + 5a_5 t_d^4 \\ \ddot{\theta}_0 = 2a_2 \\ \ddot{\theta}_d = 2a_2 + 6a_3 t_d + 12a_4 t_d^2 + 20a_5 t_d^3 \end{cases} \tag{5.12}$$

求解上式得：

$$\begin{cases} a_0 = \theta_0 \\ a_1 = \dot{\theta}_0 \\ a_2 = \dfrac{\ddot{\theta}_0}{2} \\ a_3 = \dfrac{20(\theta_d - \theta_0) - 4(2\dot{\theta}_d + 3\dot{\theta}_0)t_d + (\ddot{\theta}_d - 3\ddot{\theta}_0)t_d^2}{2t_d^3} \\ a_4 = \dfrac{30(\theta_0 - \theta_d) + 2(7\dot{\theta}_d + 8\dot{\theta}_0)t_d - (2\ddot{\theta}_d - 3\ddot{\theta}_0)t_d^2}{2t_d^4} \\ a_5 = \dfrac{12(\theta_d - \theta_0) - 6(\dot{\theta}_d + \dot{\theta}_0)t_d + (\ddot{\theta}_d - \ddot{\theta}_0)t_d^2}{2t_d^5} \end{cases} \qquad (5.13)$$

将式（5.9）代入上式，其中 $\dot{\theta}(t_0) = 0$，$\dot{\theta}(t_d) = 0$，$\ddot{\theta}(t_0) = 0$，$\ddot{\theta}(t_d) = 0$，可得：

$$\begin{cases} a_0 = \theta_0 \\ a_1 = 0 \\ a_2 = 0 \\ a_3 = \dfrac{10(\theta_d - \theta_0)}{t_d^3} \\ a_4 = \dfrac{15(\theta_0 - \theta_d)}{t_d^4} \\ a_5 = \dfrac{6(\theta_d - \theta_0)}{t_d^5} \end{cases} \qquad (5.14)$$

将上式代入式（5.10），可得：

$$\theta(t) = \theta_0 + \frac{10(\theta_d - \theta_0)}{t_d^3}t^3 + \frac{15(\theta_0 - \theta_d)}{t_d^4}t^4 + \frac{6(\theta_d - \theta_0)}{t_d^5}t^5 \qquad (5.15)$$

式（5.15）即为人形机器人机械手关节的轨迹函数。关节的速度和加速度公式如下：

$$\begin{cases} \dot{\theta}(t) = \dfrac{30(\theta_d - \theta_0)}{t_d^3} t^2 + \dfrac{60(\theta_0 - \theta_d)}{t_d^4} t^3 + \dfrac{30(\theta_d - \theta_0)}{t_d^3} t^4 \\ \ddot{\theta}(t) = \dfrac{60(\theta_d - \theta_0)}{t_d^3} t + \dfrac{180(\theta_0 - \theta_d)}{t_d^4} t^2 + \dfrac{120(\theta_d - \theta_0)}{t_d^5} t^4 \end{cases} \qquad (5.16)$$

## 5.3.2　笛卡儿空间轨迹规划

笛卡儿空间中的轨迹规划计算量大且研究较为复杂。然而，对于一些特殊的任务需求，比如要求人形机器人机械手手指沿着指定的路径进行直线或曲线运动时，笛卡儿空间的轨迹规划是更合适的选择。在这种情况下，人形机器人机械手轨迹规划就是将描述手指位姿的直角坐标系变量转化为随时间变化的函数，确保手指能够按照预定的轨迹进行精准的运动[44]。但笛卡儿空间轨迹规划的一个关键难点是，它需要将逆运动学的计算从笛卡儿空间转换到关节空间。而关节空间和笛卡儿空间之间并不是线性对应的，这给人形机器人机械手轨迹规划带来了挑战，尤其是在连续的作业过程中，很难保证手指轨迹的平滑性。尽管如此，人形机器人机械手具备高度的灵活性，这使得通过合理的规划和设计，仍然可以克服这些困难。通过合适的算法和控制策略，可以使得手指运动的轨迹平滑，符合任务要求。

笛卡儿空间的轨迹规划包括两种最常见的方法：直线规划和空间圆弧规划。通过这两种基本方法的组合，可以实现更复杂的轨迹规划。人形机器人机械手在笛卡儿空间中的轨迹规划过程大致如下：在笛卡儿空间中，首先使用插补算法来计算初始点和目标点之间的插补点的位姿；然后，通过逆运动学计算，将每个插补点的位置和姿态转化为相应的关节变量；最后，通过这些关节转角控制末端点沿着预期的规划轨迹运动，准确地到达目标点。

### 5.3.2.1　直线轨迹规划

设初始和目标两点的位姿分别为 $P_1(x_1, y_1, z_1, \alpha_1, \beta_1, \gamma_1)$、$P_2(x_2, y_2, z_2, \alpha_2, \beta_2, \gamma_2)$。则两点间的插补点的位置和姿态坐标值计算如下：

$$
\begin{cases}
x = x_1 + \lambda \Delta x \\
y = y_1 + \lambda \Delta y \\
z = z_1 + \lambda \Delta z \\
\alpha = \alpha_1 + \lambda \Delta \alpha \\
\beta = \beta_1 + \lambda \Delta \beta \\
\gamma = \gamma_1 + \lambda \Delta \gamma
\end{cases}
\tag{5.17}
$$

其中，$\lambda$ 为归一化因子，$(\Delta x, \Delta y, \Delta z, \Delta \alpha, \Delta \beta, \Delta \gamma)$ 为位置和姿态角的增量。计算公式为：

$$
\begin{cases}
\Delta x = x_1 - x_2 \\
\Delta y = y_1 - y_2 \\
\Delta z = z_1 - z_2 \\
\Delta \alpha = \alpha_1 - \alpha_2 \\
\Delta \beta = \beta_1 - \beta_2 \\
\Delta \gamma = \gamma_1 - \gamma_2
\end{cases}
\tag{5.18}
$$

对于许多工业机器人来说，其末端执行器在运动时通常只是位置发生了相对变化，而姿态保持不变。因此，在这种情况下，只需要进行位置插补，不需要考虑姿态的变化。然而，如果任务要求末端执行器在运动过程中同时改变姿态，那么就需要进行姿态插补，也就是说，除了计算位置的变化外，还需要根据任务要求调整末端执行器的方向，以确保其在整个运动过程中既能到达目标位置，又能达到预期的姿态。

$\lambda$ 选用抛物线过渡的线性函数。进行插值运算时，在两个点的共同区域内添加一段抛物线作为缓冲区。通过这种方法，可以确保该区域的加速度保持恒定，因为抛物线的二阶导数是一个常数，这使得加速度在过渡过程中保持恒定，从而有效避免了轨迹的波动，确保了位移和速度的连续性。求解这段曲线时，设运动时间一样，两个区域加速度值一样且恒定，仅符号不同。

求解 $\lambda$ 时，令函数的直线段速度为 $v$，抛物线段加速度为 $A$。因此可以得到抛物线段的运动时间和位移分别如下：

$$T_{b} = \frac{v}{A} \tag{5.19}$$

$$L_{b} = \frac{1}{2} A T_{b}^{2} \tag{5.20}$$

直线段的长度和运动的时间为：

$$L = \sqrt{(x_2 - x_1)^2 + (y_2 - y_1)^2 + (z_2 - z_1)^2} \tag{5.21}$$

$$T = 2T_{b} + \frac{(L - 2L_{b})}{v} \tag{5.22}$$

抛物线段时间、位移和加速度，归一化处理如下：

$$L_{b\lambda} = \frac{L_{b}}{L} \tag{5.23}$$

$$T_{b\lambda} = \frac{T_{b}}{T} \tag{5.24}$$

$$A_{\lambda} = \frac{2L_{b\lambda}}{L_{b\lambda}^{2}} \tag{5.25}$$

得到 $\lambda$ 如下：

$$\lambda = \begin{cases} \dfrac{1}{2}A_\lambda t^2 & (0 \leqslant t \leqslant T_{b\lambda}) \\[2mm] \dfrac{1}{2}A_\lambda T_{b\lambda}^2 + A_\lambda T_{b\lambda}(t - T_{b\lambda}) & (T_{b\lambda} < t \leqslant 1 - T_{b\lambda}) \\[2mm] \dfrac{1}{2}A_\lambda T_{b\lambda}^2 + A_\lambda T_{b\lambda}(t - T_{b\lambda}) - \dfrac{1}{2}A_\lambda(t + T_{b\lambda} - 1) & (1 - T_{b\lambda} < t \leqslant 1) \end{cases} \quad (5.26)$$

式中，$t = i/N$，$i = 1,2,3,\cdots,N$，$0 \leqslant \lambda \leqslant 1$。通过上式可获取插补点的位姿，进而得到各个关节变量，通过关节转角控制机械手指尖按照规划轨迹运动。

### 5.3.2.2　空间圆弧轨迹规划

人形机器人机械手规划中，为了便于计算，需要先进行坐标转换。假设点 $P_1$ 在基坐标系中的值为 $(x_1, y_1, z_1)$，点 $P_2$ 在基坐标系中的值为 $(x_2, y_2, z_2)$，点 $P_3$ 在基坐标系中的值为 $(x_3, y_3, z_3)$。点 $P_1$ 在新建立的坐标系中的值为 $(x_1', y_1', z_1')$，点 $P_2$ 在新建立的坐标系中的值为 $(x_2', y_2', z_2')$，点 $P_3$ 在新建立的坐标系中的值为 $(x_3', y_3', z_3')$。圆弧插补的位移也使用抛物线过渡的线性函数，归一化因子的求取跟前面相似。设人形机器人机械手指尖从初始点 $P_1$ 经过点 $P_2$ 到目标点 $P_3$，此三点不在一条直线上，则有圆弧 $\overline{P_1P_2P_3}$。

求解过程如下：

① 求出三点所确定的圆弧圆心 $R_0(x_0, y_0, z_0)$ 和半径 $R$。

三个点确定唯一的平面 $\alpha$，如下：

$$\begin{vmatrix} x - x_3 & y - y_3 & z - z_3 \\ x_1 - x_3 & y_1 - y_3 & z_1 - z_3 \\ x_2 - x_3 & y_2 - y_3 & z_2 - z_3 \end{vmatrix} = 0 \quad (5.27)$$

整理得：

$$\begin{aligned} &[(y_1 - y_3)(z_2 - z_3) - (y_2 - y_3)(z_1 - z_3)](x - x_3) \\ &+ [(x_2 - x_3)(z_1 - z_3) - (x_1 - y_3)(z_2 - z_3)](y - y_3) \\ &+ [(x_1 - x_3)(y_2 - y_3) - (x_2 - x_3)(y_1 - y_3)](z - z_3) = 0 \end{aligned} \quad (5.28)$$

过直线$P_1P_2$且与之垂直的平面$\beta$如下：

$$\left[x-\frac{(x_1+x_2)}{2}\right](x_2-x_1)+\left[y-\frac{(y_1+y_2)}{2}\right](y_2-y_1)+\left[z-\frac{(z_1+z_2)}{2}\right](z_2-z_1)=0$$

（5.29）

过直线$P_2P_3$且与之垂直的平面$\gamma$如下：

$$\left[x-\frac{(x_2+x_3)}{2}\right](x_3-x_2)+\left[y-\frac{(y_2+y_3)}{2}\right](y_3-y_2)+\left[z-\frac{(z_2+z_3)}{2}\right](z_3-z_2)=0$$

（5.30）

整理上式可得圆心$R_0(x_0,y_0,z_0)$为：

$$R=\sqrt{(x_1-x_0)^2+(y_1-y_0)^2+(z_1-z_0)^2}$$

（5.31）

② 以圆弧所在的平面创建新的直角坐标系，并进行变换，求解变换矩阵。

选择圆弧圆心$R_0$为新坐标系圆点$O'$，$O'P_1$沿$X'$轴，其单位方向向量为：

$$\boldsymbol{i}=\frac{\overrightarrow{O'P_1}}{\left|\overrightarrow{O'P_1}\right|}$$

（5.32）

$Z'$轴垂直于$P_1P_2$和$P_2P_3$所组成的平面，其单位方向向量为：

$$\boldsymbol{j}=\frac{\overrightarrow{P_1P_2}\times\overrightarrow{P_2P_3}}{\left|\overrightarrow{P_1P_2}\times\overrightarrow{P_2P_3}\right|}$$

（5.33）

$Y'$轴垂直于$X'$轴与$Z'$轴所确定的平面，其单位方向向量为：

$$\boldsymbol{k}=\boldsymbol{i}\times\boldsymbol{j}$$

（5.34）

整理上式，得到变换矩阵如下：

$$T_R = \begin{bmatrix} i_x & j_x & k_x & x_0 \\ i_y & j_y & k_y & y_0 \\ i_z & j_z & k_z & z_0 \\ 0 & 0 & 0 & 1 \end{bmatrix} \tag{5.35}$$

记 $R = \begin{bmatrix} i_x & j_x & k_x \\ i_y & j_y & k_y \\ i_z & j_z & k_z \end{bmatrix}$，$P_0 = \begin{bmatrix} x_0 \\ y_0 \\ z_0 \end{bmatrix}$，得到逆矩阵如下：

$$T_R^{-1} = \begin{bmatrix} R^{\mathrm{T}} & -R^{\mathrm{T}} P_0 \\ 0 & 1 \end{bmatrix} \tag{5.36}$$

③ 将点 $P_1$、$P_2$ 和 $P_3$ 基坐标系中的值转换到新坐标系中，结果如下：

$$\begin{bmatrix} x_1' \\ y_1' \\ z_1' \\ 1 \end{bmatrix} = T_R^{-1} \begin{bmatrix} x_1 \\ y_1 \\ z_1 \\ 1 \end{bmatrix} \tag{5.37}$$

$$\begin{bmatrix} x_2' \\ y_2' \\ z_2' \\ 1 \end{bmatrix} = T_R^{-1} \begin{bmatrix} x_2 \\ y_2 \\ z_2 \\ 1 \end{bmatrix} \tag{5.38}$$

$$\begin{bmatrix} x_3' \\ y_3' \\ z_3' \\ 1 \end{bmatrix} = T_R^{-1} \begin{bmatrix} x_3 \\ y_3 \\ z_3 \\ 1 \end{bmatrix} \tag{5.39}$$

其中，$z_1' = z_2' = z_3' = 0$，$x_1' = R$。

④ 在新坐标系中进行圆弧插补，求出插补点的值。

点 $P(x',y',z')$ 是圆弧 $\overline{P_1P_2P_3}$ 上一个插补点，它在基坐标系中的坐标点值为 $(x,y,z)$，它对应的归一化因子 $\lambda$ 的计算与直线插补轨迹规划相同，从 $P_1$ 到 $P$ 的角度为 $\theta$，从 $P_1$ 到 $P_3$ 的角度为 $\theta'$，则：

$$\begin{cases} \theta = \lambda\theta' \\ x' = r\cos\theta \\ y' = r\sin\theta \\ z' = 0 \end{cases} \tag{5.40}$$

⑤ 将新坐标系插值点值转化为基坐标系值：

$$\begin{bmatrix} x & y & z & 1 \end{bmatrix}^\mathrm{T} = \boldsymbol{T}_R \begin{bmatrix} x' & y' & z' & 1 \end{bmatrix}^\mathrm{T} \tag{5.41}$$

通过上述方法，可以得到圆弧上各个插补点的位置。接下来，各插补点的三个姿态角可以各自单独按照位移曲线为抛物线过渡的线性函数求出。利用这些插补点的位姿信息，可以进一步求解每个插补点对应的关节角度。通过获得这些关节角度，就能够控制人形机器人机械手的手指，完成预定的规划任务。

## 5.4 人形机器人机械手控制

具有多传感器和多自由度的人形机器人机械手是一个高度集成化的机电一体化系统。它将机械结构、驱动装置、传感器和微处理器等部分有机结合，每个手指都可以看作是一个独立的小型机器人。因此，目前关于机器人控制的理论同样适用于人形机器人机械手手指的控制研究。

根据手指与环境之间是否存在作用力，可以将人形机器人机械手手指控制分成两个部分：自由空间控制和约束空间控制。在自由空间中，人形机器人机械手手指与环境之间没有力的作用，主要任务是对人形机器人机械手手指的位置进行控制，让人形机器人机械手手指按照预定的轨迹运动。在约束空间中，除了控制位置外，更重要的任务是控制人形机器人机械手手指与环境之间的接触力。比如，当人形机器人机械手手指接触物体时，不仅需要控制其位置，还要确保施加的力适当，以避免对物体或人形机器人机械手手指本身造成损伤。通常把约束空间内的人形机器人对接触环境顺从的这种能力称为柔顺性，柔顺控制所要解决的主要问题是如何同时满足位置控制和力控制的要求。

## 5.4.1　自由空间控制

自由空间中的位置控制理论已经非常成熟，利用位置传感器的信号，可以实现高精度和强鲁棒性的控制效果，这也是它被广泛研究和应用的原因。人形机器人机械手的位置控制是最基本的控制任务，目的是精确控制人形机器人机械手手指尖的位置，使得人形机器人机械手能够完成从一个点到另一个点的运动，或者沿着预定路径进行连续运动。手指的位置控制可以在关节空间进行，也可以在笛卡儿空间进行。与笛卡儿空间的控制方法相比，关节空间位置控制有着许多优点。比如，它计算量小，算法简单，而且不会出现控制过程中的奇异现象，因此被广泛采用。关节空间的位置控制是将手指末端的目标位置通过逆运动学转换到关节空间，或直接通过数据手套等设备获取关节的目标位置，并在关节空间内进行轨迹规划。然后，通过控制器使得关节的实际位置能够精确跟踪期望的位置。位置控制的核心在于控制器的设计，根据具体应用的需求，可以选择不同的控制算法，例如模糊控制、神经网络控制等。每种控制算法都有其独特的优势和适用场景，能够根据任务的不同要求进行调整和优化，确保人形机器人机械手在执行任务时能够实现精确且稳定的运动。

### 5.4.2 约束空间控制

在约束空间中，人形机器人机械手手指的柔顺控制要比自由空间更为复杂。柔顺控制主要包括两种实现方式：被动柔顺和主动柔顺。被动柔顺是通过一些辅助装置，如弹簧、阻尼器等机械部件，来吸收或储存能量，使得人形机器人在与环境接触时能够自动顺应外部的作用力。这种方式具有结构简单、成本较低等优点。然而，被动柔顺也存在一些问题：首先，它无法完全解决人形机器人在高刚度和高柔顺之间的矛盾；其次，这种装置的适应性较差，通常只适用于特定的任务，限制了它的使用范围；最后，当人形机器人需要同时控制作用力和位置时，被动柔顺装置的使用会使控制变得非常复杂，尤其是在那些既要精准控制位置又需要力反馈的操作中，难以有效处理力的反应，导致控制精度和成功率较低。与此不同，主动柔顺是指人形机器人通过力反馈信息采取一定的控制策略来主动调节人形机器人与环境之间的接触力。随着人形机器人技术、传感器技术、计算机技术和控制理论的进步，主动柔顺已成为人形机器人领域的重要研究方向[45, 46]。主动柔顺能够更灵活地应对不同的工作环境，确保人形机器人在执行任务时能够根据实时反馈调整自身的动作。实现主动柔顺的方法有很多，其中最为经典的方法是力/位置混合控制和阻抗控制。这两种方法能够有效地结合力控制与位置控制，使得人形机器人能够在与环境接触时更具适应性和精确性。

## 5.5 本章小结

本章围绕人形机器人机械手的运动控制展开讨论，从驱动方式、轨迹规划和控制方法三个方面进行了详细介绍。在驱动方式方面，探讨了电机驱动、液压驱动、气压驱动和形状记忆合金驱动的原理与应用场景；在轨迹规划方面，分析了关节空间和笛卡儿空间的不同规划方法及其适用性；在控制方法方面，阐述了自由空间控制和约束空间控制的基本原理。

通过这些内容的学习，读者可以了解到人形机器人机械手运动控制的复杂性和多样性，并理解如何根据实际应用需求选择合适的驱动方式、轨迹规划和控制方法。此章为后续更深入的人形机器人机械手控制技术研究打下了坚实的基础。

## 参考文献

［1］ Sahoo B，Parida P K. Design and Control of Five Fingered Under-Actuated Robotic Hand［C］. Proceedings of the International Conference on Electrical，Electronics，Materials and Applied Science，2018：020116.

［2］ Cao B S，Sun K，Gu Y K，et al. Humanoid Robot Torso Motion Planning Based on Manipulator Pose Dexterity Index［C］. Proceedings of the 6th International Conference on Electrical Engineering，Control and Robotics（EECR）/ 3rd International Conference on Intelligent Control and Computing，2020：012040.

［3］ Giessler M，Waltersberger B. Hybrid Inverse Kinematics for a 7-DOF Manipulator Handling Joint Limits and Workspace Constraints［C］. Proceedings of the 26th Annual Robot World Cup International Symposium，2024：105-116.

［4］ Ku L Y，Rogers J，Strawser P，et al. A Framework for Dexterous Manipulation［C］. Proceedings of the 25th IEEE/RSJ International Conference on Intelligent Robots and Systems，2018：4131-4138.

［5］ Liu J，Liao F，Chen Z M，et al. Digitizing Human Motion via Bending Sensors toward Humanoid Robot［J］. Advanced Intelligent Systems，2023，5（5）：256382614.

［6］ Christen S，Stevsic S，Hilliges O，et al. Demonstration-Guided Deep Reinforcement Learning of Control Policies for Dexterous Human-Robot Interaction［C］. Proceedings of the IEEE International Conference on Robotics and Automation，2019：2161-2167.

［7］ Starke S，Hendrich N，Krupke D，et al. Evolutionary Multi-Objective Inverse Kinematics on Highly Articulated and Humanoid Robots［C］. Proceedings of the IEEE/RSJ International Conference on Intelligent Robots and Systems / Workshop on Machine Learning Methods for High-Level Cognitive Capabilities in Robotics，2017：6959-6966.

[8] Liu L J, Sun N, Li K, et al. System Design and Kinematic Analysis of a Dexterous Hand with Humanoid Characteristics [C]. Proceedings of the 6th World Robot Conference / Symposium on Advanced Robotics and Automation, 2024: 163-169.

[9] Mo Y, Jiang Z H, Li H, et al. A Kind of Biomimetic Control Method to Anthropomorphize a Redundant Manipulator for Complex Tasks [J]. Science China-Technological Sciences, 2020, 63 (1): 14-24.

[10] Yu Y, Wei S M, Sheng H Y, et al. Research on Real-Time Joint Stiffness Configuration of a Series Parallel Hybrid 7-DOF Humanoid Manipulator in Continuous Motion [J]. Applied Sciences-Basel, 2021, 11 (5): 2433.

[11] Xia J, Jiang Z N, Zhang T. Feasible Arm Configurations and Its Application for Human-Like Motion Control of S-R-S-Redundant Manipulators with Multiple Constraints [J]. Robotica, 2021, 39 (9): 1617-1633.

[12] Feng N S, Wang H, Hu F, et al. Humanoid Soft Hand Design Based on sEMG Control [C]. Proceedings of the 9th International Conference on Information Technology in Medicine and Education, 2018: 187-191.

[13] Zhang X L, Sun N, Liu G D, et al. Hysteresis Compensation-Based Intelligent Control for Pneumatic Artificial Muscle-Driven Humanoid Robot Manipulators with Experiments Verification [J]. IEEE Transactions on Automation Science and Engineering, 2024, 21 (3): 2538-2551.

[14] Guo X F, Mo A, Luo C, et al. DSCL Hand: A Novel Underactuated Robot Hand of Linearly Parallel Pinch and Self-adaptive Grasp with Double-Slider Co-circular Linkage Mechanisms [C]. Proceedings of the 11th International Conference on Intelligent Robotics and Applications, 2018: 64-76.

[15] Liang D K, Sun N, Wu Y M, et al. Fuzzy-Sliding Mode Control for Humanoid Arm Robots Actuated by Pneumatic Artificial Muscles With Unidirectional Inputs, Saturations, and Dead Zones [J]. IEEE Transactions on Industrial Informatics, 2022, 18 (5): 3011-3021.

[16] Zhao C, Liu M H, Huang X, et al. Adaptive and Dexterous Tendon-Driven Underactuated Finger Design With a Predefined Elastic Force Gradient [J]. UEEE-ASME Transactions on Mechatronics, 2024, 29 (3): 1622-1633.

[17] Konnaris C, Thomik A A C, Faisal A A, et al. Sparse Eigenmotions Derived from Daily Life Kinematics Implemented on a Dextrous Robotic Hand [C]. Proceedings of the 6th IEEE International Conference on Biomedical Robotics and Biomechatronics, 2016: 1358-1363.

[18] Schwarm E, Gravesmill K M, Whitney J P, et al. A Floating-Piston Hydrostatic Linear Actuator and Remote-Direct-Drive 2-DOF Gripper [C]. Proceedings of the IEEE International Conference on Robotics and Automation, 2019: 7562-7568.

[19] Zhang X M, Zhang P M, Zeng X, et al. sAuth: a Hierarchical Implicit Authentication Mechanism for Service Robots [J]. Journal of Supercomputing, 2022, 78 (14): 16029-16055.

[20] Zhao L, Peng M Q, Li Z J, et al. Integral Sliding Mode Control for an Anthropomorphic Finger Based on Nonlinear Extended State Observer [J]. Isa Transactions, 2024, 153: 433-442.

[21] Saharan L, Wu L J, Tadesse Y. Modeling and Simulation of Robotic Finger Powered by Nylon Artificial Muscles [J]. Journal of Mechanisms and Robotics-Transactions of the ASME, 2020, 12 (1): 014501.

[22] Yang W Z, Wu X L, Yu S G. A Master-Slave Control Method for Dexterous Hands with Shaking

Elimination Strategy [ J ]. International Journal of Humanoid Robotics, 2017, 14 ( 1 ): 1650016.

[ 23 ] Mnyusiwalla H, Vulliez P, Gazeau J P, et al. A New Dexterous Hand Based on Bio-Inspired Finger Design for Inside-Hand Manipulation [ J ]. IEEE Transactions on Systems Man Cybernetics-Systems, 2016, 46 ( 6 ): 809-817.

[ 24 ] Izuhara S, Mashimo T. Miniature Robot Finger using a Micro Linear Ultrasonic Motor and a Closed-loop Linkage [ C ]. Proceedings of the 25th IEEE/RSJ International Conference on Intelligent Robots and Systems, 2018: 4908-4913.

[ 25 ] Guo K, Lu J X, Yang H B. Simulation Analysis of a Sandwich Cantilever Ultrasonic Motor for a Dexterous Prosthetic Hand [ J ]. Micromachines, 2023, 14 ( 12 ): 2150.

[ 26 ] Li Z W, Yin M, Sun H, et al. Master-Slave Control of the Robotic Hand Driven by Tendon-Sheath Transmission [ C ]. Proceedings of the 15th International Conference on Intelligent Robotics and Applications - Smart Robotics for Society, 2022: 747-758.

[ 27 ] Mori M, Suzumori K, Wakimoto S, et al. Development of Power Robot Hand with Shape Adaptability Using Hydraulic McKibben Muscles [ C ]. Proceedings of the IEEE International Conference on Robotics and Automation, 2010: 1162-1168.

[ 28 ] Kang T Y, Kaminaga H, Nakamura Y, et al. A Robot Hand Driven by Hydraulic Cluster Actuators [ C ]. Proceedings of the 14th IEEE-RAS International Conference on Humanoid Robots, 2014: 39-44.

[ 29 ] Zhou J S, Huang J D, Dou Q, et al. A Dexterous and Compliant ( DexCo ) Hand Based on Soft Hydraulic Actuation for Human-Inspired Fine In-Hand Manipulation [ J ]. IEEE Transactions on Robotics, 2025, 41: 666-686.

[ 30 ] Chen W L, Chen J M, Chen Y, et al. Research on Driving Performance of Pneumatic Soft Finger [ C ]. Proceedings of the 9th IEEE Annual International Conference on Cyber Technology in Automation, Control, and Intelligent Systems, 2019: 1171-1176.

[ 31 ] Kim K R, Jeong S H, Kim P, et al. Design of Robot Hand With Pneumatic Dual-Mode Actuation Mechanism Powered by Chemical Gas Generation Method [ J ]. IEEE Robotics and Automation Letters, 2018, 3 ( 4 ): 4193-4200.

[ 32 ] Kazeminasab S, Hadi A, Alipour K, et al. Force and Motion Control of a Tendon-Driven Hand Exoskeleton Actuated by Shape Memory Alloys [ J ]. Industrial Robot-the International Journal of Robotics Research and Application, 2018, 45 ( 5 ): 623-633.

[ 33 ] Tabrizian S K, Cedric F, Terryn S, et al. SMA Wire Use in Hybrid Twisting and Bending/Extending Soft Fiber-Reinforced Actuators [ J ]. Actuators, 2024, 13 ( 4 ): 125.

[ 34 ] Zhao F Q, Xu D L, Jin X D, et al. In-Hand Manipulation Using a 3-PRS-Finger-Based Parallel Dexterous Hand with Bidirectional Pinching Capability [ J ]. Mechanism and Machine Theory, 2024, 192 : 105553.

[ 35 ] Zhang C H, Li Y A, Yu Z D, et al. An End-to-End Lower Limb Activity Recognition Framework Based on sEMG Data Augmentation and Enhanced CapsNet [ J ]. Expert Systems with Applications, 2023, 227: 120257.

[ 36 ] Li B J, Qiu S J, Bai J B, et al. Interactive Learning for Multi-Finger Dexterous Hand: A Model-Free Hierarchical Deep Reinforcement Learning Approach [ J ]. Knowledge-Based Systems, 2024, 295: 111847.

[ 37 ] Ye J L, Wang J S, Huang B H, et al. Learning Continuous Grasping Function with a Dexterous Hand

from Human Demonstrations［J］. IEEE Robotics and Automation Letters，2023，8（5）：2882-2889.

［38］ Seon J A，Dahmouche R，Gauthier M. Enhance In-Hand Dexterous Micromanipulation by Exploiting Adhesion Forces［J］. IEEE Transactions on Robotics，2018，34（1）：113-125.

［39］ Seon J A，Dahmouche R，Gauthier M. Planning Trajectories for Dexterous in-Hand Micro-Manipulation using Adhesion Forces［C］. Proceedings of the 1st International Conference on Manipulation，Automation and Robotics at Small Scales，2016：7561719.

［40］ Zarrin R S，Jitosho R，Yamane K，et al. Hybrid Learning- and Model-Based Planning and Control of In-Hand Manipulation［C］. Proceedings of the IEEE/RSJ International Conference on Intelligent Robots and Systems，2023：8720-8726.

［41］ Karnati N，Kent B A，Engeberg E D. Bioinspired Sinusoidal Finger Joint Synergies for a Dexterous Robotic Hand to Screw and Unscrew Objects With Different Diameters［J］. IEEE-ASME Transactions on Mechatronics，2013，18（2）：612-623.

［42］ Zibner S K U，Tekülve J，Schöner G，et al. The Neural Dynamics of Goal-Directed Arm Movements：A Developmental Perspective［C］. Proceedings of the 5th IEEE Joint International Conference on Development and Learning and on Epigenetic Robotics，2015：154-161.

［43］ Sundaralingam B，Hermans T. Relaxed-Rigidity Constraints：Kinematic Trajectory Optimization and Collision Avoidance for In-Grasp Manipulation［J］. Autonomous Robots，2019，43（2）：469-483.

［44］ Liu Y W，Cui S P，Liu H，et al. Robotic Hand-Arm System for On-Orbit Servicing Missions in Tiangong-2 Space Laboratory［J］. Assembly Automation，2019，39（5）：999-1012.

［45］ Chen B H，Wang Y H，Lin P C，et al. A Hybrid Control Strategy for Dual-arm Object Manipulation Using Fused Force/Position Errors and Iterative Learning［C］. Proceedings of the IEEE/ASME International Conference on Advanced Intelligent Mechatronics，2018：39-44.

［46］ Liu H D，Liang B，Xu W F，et al. A Ground Experiment System of a Free-Floating Robot for Fine Manipulation［J］. International Journal of Advanced Robotic Systems，2012，9，183：1-10.

# 第6章

# 人形机器人
# 智能交互

▪ ▪ ▪ ▪ ▪ ➤

## 6.1 概述

人形机器人智能交互是现代机器人技术发展的一个重要领域。随着人工智能、传感技术和生物电信号处理技术的进步，人形机器人不仅能够在外观上模仿人类，还能够通过更为自然和智能化的方式与人类进行交互[1-3]。智能交互系统的核心在于使人形机器人能够理解和响应人类的行为、情感和指令，从而提高人形机器人在日常生活、医疗、服务等领域的实用性和适应性[4-7]。

生物电信号是指人体在生理活动中产生的电信号，这些信号包括心电图、脑电图、表面肌电图（surface electromyography，sEMG）等[8, 9]。这些信号不仅可以反映出人体的生理状态，还可以作为控制信号用于人机交互[7, 10, 11]。基于生物电信号的智能交互系统利用这些信号来捕捉用户的意图和状态，从而实现更加自然和精确的控制[12-14]。近年来，生物电信号处理技术的发展为人形机器人智能交互提供了新的途径。通过先进的信号处理算法和机器学习技术，系统能够实时分析并解读生物电信号，从而使人形机器人能够感知和响应用户的意图[15, 16]。这种技术在医疗康复和辅助设备等领域具有广泛的应用前景,并且逐渐成为人形机器人智能交互研究的热点。

## 6.2　基于生物电信号的智能交互系统

生物电信号作为人体内神经和肌肉活动的直接反映,包含了丰富的生理和行为信息,是人机交互领域的重要研究对象。通过对生物电信号的采集、分析和解读,研究者能够实现对个体动作意图的识别,为智能交互系统提供精准的输入[17, 18]。这种基于生物电信号的智能交互系统不仅提升了交互的自然性和便捷性,还在康复、医疗和娱乐等领域展现了巨大的应用潜力[19]。

### 6.2.1　生物电信号概述

生物电信号是指由生物体内的细胞、组织或器官在生理活动过程中产生的电信号,广泛存在于神经、心肌和骨骼肌等组织中[20, 21]。这些信号不仅记录了细胞间的交流方式,还传递了细胞活动的时序和强度信息。在众多生物电信号中,sEMG信号是指从皮肤表面记录的反映骨骼肌活动的电信号[22]。它主要由肌纤维在收缩过程中产生的动作电位通过皮肤传导至电极而产生。sEMG信号的获取不仅具有无创性,还可以通过对信号特征的分析,深入了解肌肉的活动特性[23-26]。sEMG信号具有微弱性、低频性等特点,且易受噪声干扰,因此,对sEMG信号的产生机制、特性和处理方法的深入研究,为人形机器人与人智能交互等领域提供了关键的理论与技术支持。

### 6.2.1.1 表面肌电信号产生机理

人体下肢动作需要各个身体部位之间的默契配合。无论进行何种动作，都需要满足特定的要求，从而精确地控制各个肌肉群的力量输出[27-31]。举例来说，当进行跳跃动作时，腿部肌肉需要经过一系列复杂的过程来完成蓄力和发力。即使是日常生活中看似简单的动作，比如平地行走或者上/下楼梯，都需要身体上众多肌肉进行精密的协调。如图6.1（a）所示，人体运动始于大脑皮层的运动区域。在这个区域，大脑会进行运动计划和决策，包括选择运动类型、幅度和方向等。一旦决定了要进行何种运动，大脑便会生成相应的神经信号。这些神经信号沿着神经元的轴突传递，经过突触将信号传递给相邻的神经元。神经信号在运动皮层中向下传导，从而指示要进行的运动类型和幅度。随着神经信号的下行传导，最终抵达脊髓和脑干。在脊髓中，神经信号被转化成所谓的运动单元。当运动单元活跃时，它们会产生肌肉收缩的信号。最终，运动单元的活跃信号通过神经肌肉接头传递到相应的肌肉，导致肌肉收缩，从而实现所需的运动动作。这个高度协调的生理过程使得人体能够进行各种各样的运动。

脊髓作为连接大脑和身体其他部分的关键通道，在人体神经系统中扮演着至关重要的角色。其主要任务之一是承载控制运动的信号传递，使得大脑能够直接控制身体肌肉的活动。脊髓中包含大量的运动神经元，它们通过与皮质脊髓束相连接，形成一个复杂的神经网络，使得大脑皮层能够直接控制肌肉的活动。每个$\alpha$运动神经元与其支配的一组肌纤维共同组成一个运动单位，这个单位是骨骼肌的基本功能单元。如图6.1（b）所示，运动神经元通过神经肌肉接头与肌纤维紧密相连，负责传递信号以引发相应肌纤维的收缩。而肌纤维的数量通常与此运动单位所要控制运动的精细程度相关联。

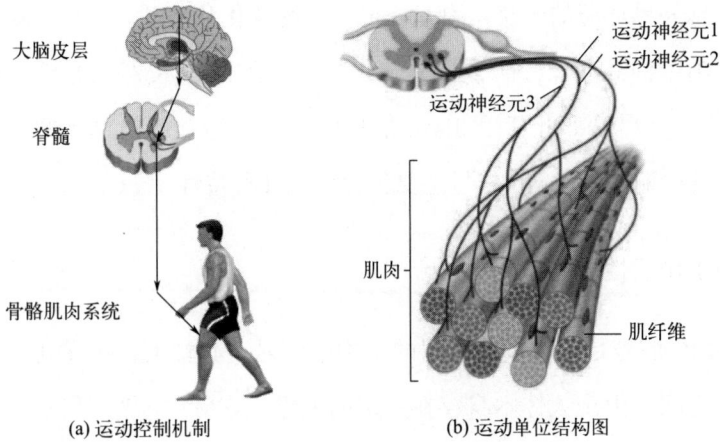

大脑皮层

脊髓

骨骼肌肉系统

运动神经元1
运动神经元2
运动神经元3
肌肉
肌纤维

(a) 运动控制机制　　　　　(b) 运动单位结构图

图6.1　运动控制机制示意图

动作电位是神经信号传递的基本单位，也是肌肉收缩的基础。动作电位的产生和传导是通过跨膜运输机制来实现的。在没有外部刺激时，细胞膜内外的电荷形成一个稳定的电位差，细胞内部相对于外部的电位约为−70mV，即为静息膜电位。当肌肉细胞受到足够的刺激时，肌肉细胞膜上的$Na^+$通道会迅速打开，大量的$Na^+$从外部流入细胞内，使得细胞内部的电位减小，而动作电位迅速产生。整个过程的本质就是离子之间的平衡转换。在肢体运动过程中，神经系统指挥肌肉收缩。中枢神经系统通过控制运动神经元发出电脉冲，这些电脉冲会在每个肌纤维上产生动作电位，导致肌纤维收缩。这种电变化在肌纤维中被称为运动单元动作电位，而sEMG信号则是众多运动单元动作电位在时间和空间上叠加的结果，反映了肌肉群上的综合电活动信息。sEMG信号在一定程度上能够反映出神经肌肉的功能状态，能够基于sEMG信号进行人体动作的识别与分析，进而实现与人形机器人的智能交互。

### 6.2.1.2　表面肌电信号特性

sEMG信号是一种微弱且非稳态的生物电信号[32, 33]。在采集过程中，极易受到外界环境的干扰，引起一定程度的变化和波动。此外，受不同个体的肌肉结构等生理特征的影响，采集到的原始sEMG信号也会存在一定的差异[34]。尽管如此，由sEMG信号所反映的运动肌肉单元的变化仍具有一定的普遍性。sEMG信号主要包含以下几种特性。

**（1）微弱性**

sEMG信号是一种极其微弱的生物电信号，其幅值仅仅在几十微伏到几毫伏之间。由于人体本身存在一定的电阻，sEMG电极采集到的信号就变得更为微弱。对于偏瘫患者来说，采集到的sEMG信号的幅值更加微弱，通常是正常人的几分之一甚至几十分之一。在sEMG信号采集过程中，需要对其进行多级放大处理。

**（2）低频性**

sEMG信号是低频信号。通常情况下，sEMG信号大部分有用信息集中在0 ~ 500Hz范围内。尽管由于肌肉采集部位以及人体下肢动作不同，上述数值可能会略有变化，但总体而言，这个范围仍然适用。

**（3）交变性**

sEMG信号的产生与动作电位的反复激活密切相关，其实质上是一种交流电压信号。一般而言，在肌肉放松状态下，sEMG信号的幅值相当微弱，仅有几微伏。当人体进行剧烈运动时，肌肉收缩会产生强劲的肌力，此时sEMG信号的幅值也会显著增加，可达几毫伏。

**（4）规律性**

在相似的运动模式或动作下，采集到的同一受试者相同肌肉群的sEMG信号变化不会很大，其幅频特性曲线呈现出一定的相似性，具备一定的重复性。

　　深入了解 sEMG 信号的产生机理和特性，能够对 sEMG 信号采集方案的设计提供指导，进而能够获得更纯净的 sEMG 信号，方便进一步对 sEMG 信号的模式识别和人形机器人智能交互等进行研究。

## 6.2.2　生物电信号处理技术

　　在人形机器人智能交互领域，生物电信号，尤其是 sEMG 信号，为人形机器人理解和响应人类意图提供了重要的信息来源[35, 36]。sEMG 信号作为一种反映肌肉活动的电生理信号，能够在非侵入的条件下获得肌肉状态的实时信息，因此对 sEMG 信号的处理和分析至关重要。

　　sEMG 信号处理技术包括一系列关键步骤。首先是 sEMG 信号获取，它依赖于合适的传感器布置和采集方法，以保证信号质量。其次是预处理，包括滤波与去噪，以消除电极干扰及其他噪声源，增强信号的准确性。精细分析方法则通过时频分析等手段对 sEMG 信号的细节特征进行深入研究，为后续特征提取打下基础。特征提取技术用于从 sEMG 信号中提取出肌肉活动具有代表性的特征；而特征降维方法则在保证信息完整性的同时有效降低计算复杂度，优化模型的训练与应用。最后，sEMG 信号识别方法通过深度学习等先进算法实现对 sEMG 信号的准确分类和识别，使得人形机器人能够从 sEMG 信号中准确地解读人类的意图和动作指令。

### 6.2.2.1　表面肌电信号获取

　　肌肉是人体的重要组成部分，sEMG 信号的产生过程也是肌肉的收缩过程。人体的肌肉功能复杂，人做出的动作通常是神经和多块肌肉协调的结果，不同部位的肌肉产生的 sEMG 信号有明显差异[37, 38]。在采集 sEMG 信号之前，首先需要研究肌肉的分布、功能和生理结构，以确定与动作相关的目标肌肉群[39, 40]。以下肢肌肉为例，下肢肌肉主要分为四个肌肉群：髋肌、大腿肌、小腿肌和足肌。下肢肌肉主要负责日常生活中的动作，如行走、跳跃和上/下楼梯等。根据生理解剖图，下肢肌肉分布如图6.2所示。

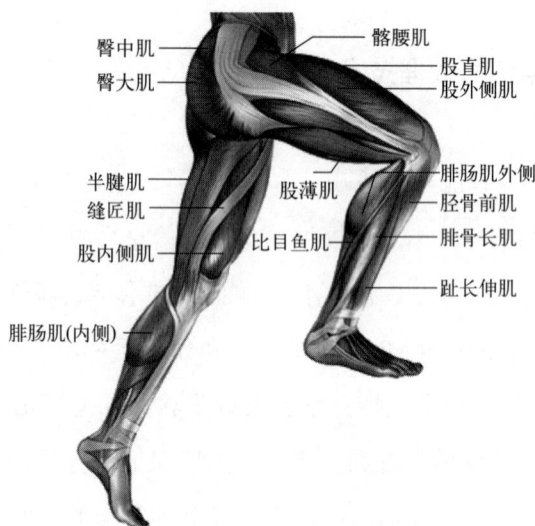

图6.2　下肢肌肉分布

髋肌：分为髋肌前群和髋肌后群。前群肌肉主要为髂腰肌，负责髋关节的屈曲动作；后群肌肉主要包括臀大肌和臀中肌，主要负责髋关节的伸展和外旋。

大腿肌：分为大腿肌前群、大腿肌后群和大腿肌内侧群。大腿肌前群又叫伸肌群，包括股四头肌（股直肌、股外侧肌、股内侧肌和股中间肌）和缝匠肌，主要负责伸屈膝关节和屈髋关节；大腿肌后群又叫屈肌群，包括股二头肌、半薄肌和半腱肌，负责伸髋关节，屈膝关节；大腿肌内侧群也叫内收肌群，包括股薄肌和耻骨肌等5块肌肉，负责内收髋关节。

小腿肌：分为小腿肌前群、小腿肌外侧肌群和小腿肌后群。小腿肌前群有胫骨前肌、拇长伸肌和趾长伸肌，负责背伸踝关节和足趾并且有一定的内翻足的作用；小腿肌外侧肌群包括腓骨长肌和腓骨短肌，主要起到外翻足的作用；小腿肌后群包括腓肠肌和比目鱼肌等肌肉，主要负责跖屈踝关节和屈曲足趾。

足肌：分为足背肌和足底肌，主要负责内收、外展和伸屈大脚趾和第2～5趾。

人体下肢动作过程主要涉及髋肌、大腿肌和小腿肌三大肌群，而足肌主要负责脚趾的运动。在人体下肢动作过程中，足肌的肌肉强度并不十分明显。髋肌的前群部分不方便电极放置，后群部分脂肪过厚，影响信号质量。通常情况下，在大腿肌和小腿肌中，选取参与髋关节、膝关节和踝关节活动的浅层肌肉作为sEMG信号采集位置。

为获得高质量的sEMG信号，需要明确规定实验过程中的关键细节。例如，①sEMG电极的布置应根据目标肌肉的肌纤维延伸方向来安排；②在进行sEMG信号采集前，必须确保皮肤表面清洁，包括除去毛发和角质，并使用医用酒精彻底擦拭皮肤；③进行sEMG信号采集之前，被试人员需要进行大约3min的热身，以确保肌肉系统处于最佳的活跃状态。

### 6.2.2.2 表面肌电信号预处理

sEMG信号是一种微弱且不稳定的生物电信号。在其采集过程中，受采集设备、采集方案以及外部环境等各种干扰因素的影响，sEMG信号中的噪声来源及类型主要包括以下几类：

① 采集设备本身的固有噪声：这种噪声是由sEMG信号采集设备自身的电路连接等因素引入的。这种噪声随机性较强，是不可避免的，只能通过选取高质量的电子设备和优良的电路设计来减少。

② 工频噪声：国内主要采用50Hz工频供电且供电网络无所不在，工频干扰是最普遍的，也是sEMG信号主要的干扰来源。工频噪声不仅会降低sEMG信号的信噪比，甚至会掩没真实的sEMG信号。

③ 运动伪迹噪声：电极片粘贴于人体皮肤表面，经过大量运动后，皮肤会分泌出汗液和油脂，这些分泌物会造成电极片与皮肤之间的相对滑动，使电极片的导电性变差，引入噪声并影响信号质量。

④其他生物电信号：在采集sEMG信号时，除了目标信号外，人体内还存在脉搏信号、心电信号和脑电信号等其他生物电信号源，这些信号可能会混入sEMG信号中，对其造成干扰。

这些噪声会导致sEMG信号质量下降，当信噪比很低时，从sEMG信号中提取有用信息是不现实的，甚至是不可能的[24, 41-44]。为便于后续的sEMG信号分析，对采集到的原始sEMG信号进行适当的滤波降噪预处理是至关重要的。

sEMG信号是由多种频率成分信号叠加而成的。这一特性使得在时域上很难清晰地区分出噪声和有效成分。与此不同的是，sEMG信号的频域分析可以反映信号随频率变化的情况，可以清楚地展示原始sEMG信号的各种频率成分，从而能够有效地区分出噪声成分和有效成分。

对原始sEMG信号进行降噪处理首先需要对其进行时频变换，将sEMG信号转换到频域；然后根据其频率分布进行带通滤波，来获取整体能量集中的频带区域；此外，由于50Hz的工频噪声与sEMG信号的有效频段产生混叠，还需要使用50Hz的陷波滤波器来消除掉工频噪声的影响。

去噪后的sEMG信号包含着静息状态和活动状态的数据。静息状态下，人体不产生动作行为，sEMG信号保持稳定的低幅值；而活动状态下，sEMG信号会发生明显的幅值变化。显然，在静息状态下识别人体下肢动作是毫无意义的，并且会造成数据冗余，增加特征提取和识别模型的计算时间。对于一段连续动作的sEMG信号，能够准确找到各动作起止时刻，即活动段部分，对基于sEMG信号的人形机器人智能交互系统有较大影响。

传统的活动段检测方法是将连续的sEMG信号以时域形式画出来，经专业的信号分析人员基于信号数据进行人工甄别来寻找起点和终点。但是一般来说，sEMG信号的采样点数据量特别大，这样的方式无疑是费时费力的，还存在标记起止点出错的可能，且仅适合于离线数据分析系统。对于在线实时系统，传统活动段检测方案是不可取的。目前常用的活动段端点自动识别算法如下。

① 基于绝对值均值法的活动段检测：静息状态和活动状态下sEMG信号的绝对值的平均值相差大，可以用绝对值均值法判断被试人员的动作阶段。绝对值均值法是一种窗口平滑移动的处理技术，它是将sEMG信号看成一个时间序列，使窗口在时间轴上平滑移动，在移动的过程中对窗口内的数据求绝对值的平均值，再设立一个阈值，最后通过比较当前绝对值的平均值跟阈值的大小，进而判定出活动段的起止点。

② 基于熵值的活动段检测：不同的下肢动作会导致sEMG信号时序呈现出各自独特的模式。在静息状态时，肌肉会发生舒张，相应的肌纤维动作单元不产生动作电位，导致检测到低振幅的sEMG信号，表现为复杂度较低；而在进行下肢动作时，肌肉则会发生收缩，导致sEMG信号幅值发生变化，复杂度相对较高。在静息状态和下肢动作状态下，sEMG信号会有不同的分布，同时其时序复杂度也会不同。基于这一特性，可以根据信号熵值的变化情况将信号分割成活动段和静息段。

③ 基于机器学习的活动段检测：sEMG信号活动段起止点的自动检测也存在机器学习的使用。基于机器学习的活动段检测将sEMG信号端点检测视为一种分类机制，通过数据训练机器学习方法，最后根据训练得到的分类器对sEMG信号活动段起止点进行检测。

### 6.2.2.3　表面肌电信号精细分解方法

sEMG信号作为人体肌肉活动的直接电生理反映，承载了丰富的生物力学与神经控制信息，已成为人机交互领域的重要研究对象[45]。然而，sEMG信号本质上属于复杂的多源混合信号，包含多重肌肉活动的叠加效应，直接影响信号分析的准确性和可靠性[46]。随着生物信号处理与深度学习技术的发展，sEMG信号的精细分解成为可能，为深层次的肌肉活动解析和运动意图识别提供了关键支持[47-49]。通过引入经验模态分解（empirical mode decomposition，EMD）、变分模态分解等前沿算法，可以显著提升对肌肉活动模式的解码精度，为sEMG信号在高精度人机接口中的应用开辟新的路径[50-52]。本节将以EMD为例系统探讨sEMG信号的精细分解方法，深入分析其理论基础及算法实现，以期为人形机器人智能交互的创新应用奠定理论与技术基础。

EMD是一种数据驱动的自适应分解方法，其依据数据自身的时间尺度特征来进行信号分解，无需预先设定任何基函数，是一种时频域信号处理方式[53]。EMD能有效地处理非平稳和非线性信号，具有较高的信噪比，使得复杂信号的特征更容易提取和分析。EMD通过迭代将信号中不同尺度的波动和趋势进行逐级分解，产生一系列具有不同特征尺度的数据序列，每一个序列都称为一个固有模态函数（intrinsic mode function，IMF）。每个IMF都需要满足以下两个条件：

① 在整个数据段上，局部极值点个数与过零点个数必须相等或相差不超过一个。

② 在任意时刻，由局部极大值点形成的上包络线和由局部极小值点形成的下包络线的平均值为零。

EMD对sEMG信号的分解过程如下：

对于去噪后的sEMG信号，找到所有的局部极大值点和局部极小值点。通过插值将局部极大值点连接构成上包络线$s_+(t)$，将局部极小值点连接构成下包络线$s_-(t)$。上包络线$s_+(t)$和下包络线$s_-(t)$的均值$m_1(t)$如下：

$$m_1(t) = [s_+(t) + s_-(t)]/2 \qquad (6.1)$$

用输入信号减去上下包络线均值，得到中间信号 $h_1(t)$ 为：

$$h_1(t) = x(t) - m_1(t) \tag{6.2}$$

这个过程称为"筛分"，原始信号 $x(t)$ 经过一次"筛分"得到一个新的信号 $h_1(t)$。判断中间信号 $h_1(t)$ 是否满足IMF的两个条件：如果满足，中间信号 $h_1(t)$ 就是第一个IMF分量 $I_1(t)$；如果不满足，以该中间信号为基础，重复式（6.1）和式（6.2）的过程，即继续进行"筛分"直至得到的信号满足IMF的两个条件，便得到原始信号的第一个IMF分量 $I_1(t)$。

从原始信号 $x(t)$ 中减去 $I_1(t)$ 得到剩余分量 $r_1(t)$ 为：

$$r_1(t) = x(t) - I_1(t) \tag{6.3}$$

对 $r_1(t)$ 进行上述"筛分"处理，可得到第二个IMF分量 $I_2(t)$，再从 $r_1(t)$ 中减去 $I_2(t)$ 后获得剩余分量 $r_2(t)$。如此重复下去，直到最后一个残余信号 $r_n(t)$ 无法继续分解为止，完成对原始信号 $x(t)$ 的分解，过程如下：

$$\begin{aligned} r_2(t) &= r_1(t) - I_2(t) \\ &\vdots \\ r_n(t) &= r_{n-1}(t) - I_n(t) \end{aligned} \tag{6.4}$$

其中，$I_n(t)$ 为第 $n$ 个IMF分量。

当 $r_n(t)$ 变成单调函数后，剩余的 $r_n(t)$ 成为残余分量。所有IMF分量和残余分量之和为原始信号 $x(t)$，表达式如下：

$$x(t) = \sum_{i=1}^{n} I_i(t) + r_n(t) \tag{6.5}$$

其中，$I_i(t)$ 为第 $i$ 个IMF分量。

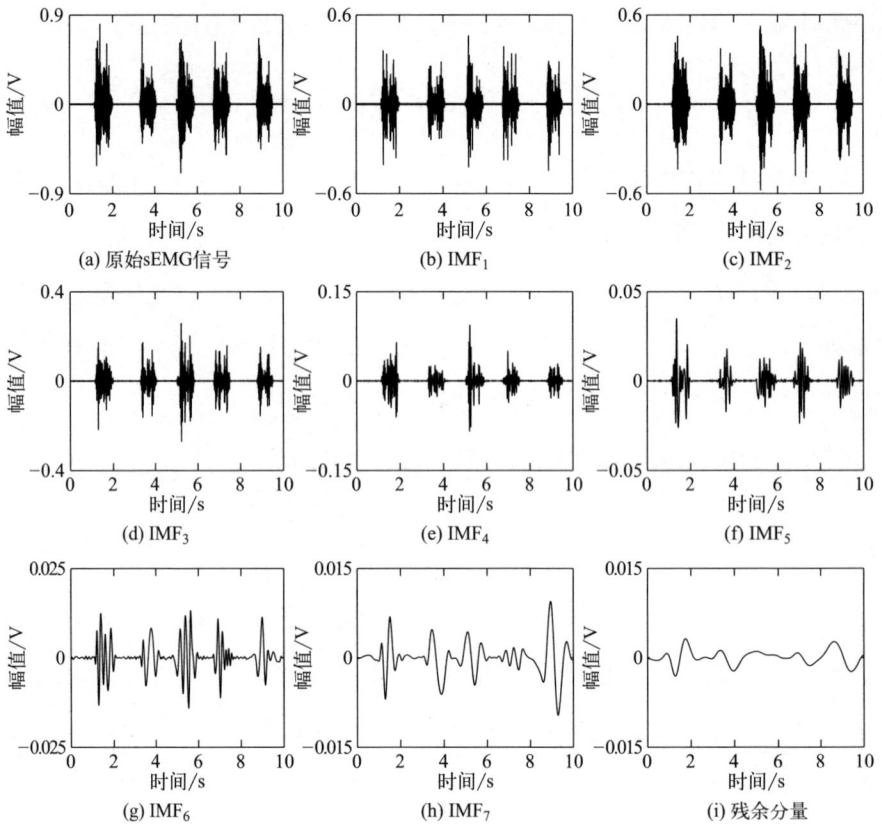

图6.3　EMD方法对sEMG信号进行分解的示例

图6.3所示为采用EMD方法对sEMG信号进行分解的示例。由图6.3可知，分解出来的各个分量包含了原始sEMG信号的不同时间尺度的局部特征信息。

### 6.2.2.4　特征提取技术

虽然原始sEMG信号数据包含着重要的人体下肢动作信息，但其数据量较大，信号冗余程度高，将其直接进行数据分析，会极大地消耗计算时间，也会严重影响人体下肢动作识别表现。为解决这个问题，可以采用一定的计算规则将sEMG信号映射成能够反映不同信息的特征向量，即特征提取[54]。特征提取是基于sEMG信号进行人体下肢动作识别的一个关键环节。所提取的特征对不同人体下肢动作的区分度越高，识别性能越好。对sEMG信号进行特征提取的方法主要分为时域特征提取法、频域特征提取法和熵特征提取法。

时域特征是对sEMG信号进行直观有效分析的方法之一，它是将sEMG信号视作一个随时间变化的函数，并通过幅值计算得出一系列性能指标[55]。时域特征具有计算简便、易于实现以及通用性好等优势。在基于sEMG信号的人体下肢动作识别中，已被证明具有出色表现的时域特征有：绝对值均值、均方根、峰度和偏度等。

在频域分析中，首先对sEMG信号进行傅里叶变换，把sEMG信号从时域转换到频域中，获得sEMG信号的频谱分布，然后从频谱中分析信号的特征。sEMG信号携带了关于肌肉收缩状况的大量信息[56]。具有最好人体下肢动作识别表现的频域特征包括中值频率、平均频率和平均功率等。

熵特征用以表示随机变量的不确定性，当一个随机事件发生的不确定性增大时，其熵值也会相应增大[56, 57]。熵特征被广泛认可作为反映非线性信号复杂性的有效工具。在基于sEMG信号的人体下肢动作识别领域，熵特征能够有效地表征不同人体下肢动作。具有较好下肢动作识别表现的熵特征有：近似熵、样本熵、模糊熵、排列熵和Kraskov熵（Kraskov entropy，KrEn）等。

特征提取是基于sEMG信号的人体动作识别中至关重要的一环，其将sEMG信号转换为更具信息量且更容易处理的表示形式。通过选择和提取最具信息量的特征，可以改善sEMG信号的表达形式，从而提高人体动作识别的性能。

### 6.2.2.5　特征降维方法

从sEMG信号中提取的特征集很可能在某些特征之间存在相关性。这些具有相关性的特征之间存在某种程度的相互关系，即一个特征的变化可能伴随着另一个特征的变化。这种关系常常导致分析模型在计算效率、泛化性能和解读难度方面遇到诸多挑战[58, 59]。为了解决这些问题，特征降维方法应运而生，它通过减少数据维度来降低计算复杂度、缓解"维度灾难"，并改善模型性能。

特征降维主要包括两大类方法：线性降维和非线性降维。经典的线性降维方法如主成分分析（principal component analysis，PCA）和线性判别分析，因其计算效率高、易于实现而得到广泛应用。然而，随着非线性数据结构的增多，内核方法、等距映射和扩散映射等非线性降维技术逐渐兴起，为复杂数据集的降维提供了更灵活有效的工具。

本节以PCA为例系统介绍特征降维的基本理论和方法，力求为读者提供一个全面、系统的特征降维知识框架，以支持更深入的数据分析和高效的特征工程实践。

PCA是一种常用的数据降维技术。它通过线性变换将原始数据映射到一个新的坐标系中，使得在新坐标系下数据的方差最大化[60]。PCA的目标是找到一组新的正交基，称为主成分，能够尽可能地保留原始数据的方差信息。PCA建模方法如下：

将特征 $\boldsymbol{F} = [f_1, f_2, \cdots, f_n]$ 标准化，计算过程如下：

$$b_i = \left[ f_i - E(f_i) \right] \Big/ \sqrt{\mathrm{var}(f_i)} \qquad (6.6)$$

其中，$f_i$ 表示从 sEMG 信号 $x(t)$ 中提取的第 $i$ 个特征，$b_i$ 是第 $i$ 个标准化的特征，$i = 1, 2, \cdots, n$。

对标准化的特征 $\boldsymbol{B}(b_1, b_2, \cdots, b_n)$ 进行协方差矩阵分解，分解过程如下：

$$\mathrm{COV}(\boldsymbol{B}) = \boldsymbol{B}^{\mathrm{T}} \boldsymbol{B} \Big/ (n-1) \qquad (6.7)$$

$$\mathrm{COV}(\boldsymbol{B})\boldsymbol{p}_i = \lambda_i \boldsymbol{p}_i \tag{6.8}$$

其中，$\mathrm{COV}(\boldsymbol{B})$ 为 $\boldsymbol{B}$ 的协方差矩阵，$\boldsymbol{p}_i$ 为协方差矩阵的第 $i$ 个特征向量，$\lambda_i$ 为协方差矩阵的第 $i$ 个特征值。协方差矩阵分解后，标准化的特征 $\boldsymbol{B}$ 可表示为：

$$\boldsymbol{B} = \boldsymbol{G}\boldsymbol{P}^{\mathrm{T}} \tag{6.9}$$

其中，$\boldsymbol{G} = [g_1, g_2, \cdots, g_n]$ 为分数矩阵，$\boldsymbol{P} = [p_1, p_2, \cdots, p_n]$ 为载荷矩阵。

计算主成分的贡献率，公式如下：

$$\mathrm{CPV}(N_{\mathrm{pca}}) = \sum_{i=1}^{N_{\mathrm{pca}}} \lambda_i \bigg/ \sum_{i=1}^{n} \lambda_i \tag{6.10}$$

其中，$\mathrm{CPV}(N_{\mathrm{pca}})$ 为累积方差贡献率。根据主成分的贡献率，选取相应的前 $N_{\mathrm{pca}}$ 个特征值对应的特征向量与原始特征矩阵相乘得到主成分空间，如下：

$$\mathbf{PCA} = [\mathbf{pca}_1, \mathbf{pca}_2, \cdots, \mathbf{pca}_{N_{\mathrm{pca}}}] \tag{6.11}$$

其中，$\mathbf{pca}_i$ 表示低维空间的第 $i$ 个特征向量，$i = 1, 2, \cdots, N_{\mathrm{pca}}$，$N_{\mathrm{pca}}$ 表示利用PCA特征降维算法在低维空间中获得的特征个数。

### 6.2.2.6　表面肌电信号识别方法

在人形机器人智能交互领域，sEMG信号识别方法作为一种自然、无创的肌肉活动监测手段，正在逐渐成为研究热点。sEMG信号反映了肌肉活动的深层次特征，是人类运动意图的重要生物标记，能够为人形机器人实现自然的人机交互提供丰富的信息支持。借助sEMG信号，人形机器人可以精准地感知和解读人类的运动指令，从而实现灵活的肢体交互、辅助康复训练等应用，进一步提升了人形机器人在医疗、康复、服务等领域的实用价值。

然而，sEMG信号本身具有高度非线性、低信噪比和个体差异显著等特点，如何高效、准确地识别这些信号一直是挑战性课题。传统的sEMG信号处理方法依赖于特征提取和模式匹配，但在面对复杂动态场景和个体差异时往往存在局限性。近年来，深度学习方法的快速发展为sEMG信号的处理带来了新的契机。通过自动化特征提取与端到端学习，深度学习模型不仅能够应对多种运动模式，还能够有效增强sEMG识别的鲁棒性和泛化能力，为人形机器人实现灵敏、自然的人机交互奠定了基础。

本节基于sEMG信号的下肢动作识别方法，系统探讨了传统机器学习与深度学习识别方法的理论基础与应用前景，以期为人形机器人在智能交互方面的技术突破提供有力支持。

得益于模式识别的发展，传统机器学习的种类选择非常多，常用的有支持向量机（support vector machine，SVM）、朴素贝叶斯、决策树、K近邻（K nearest neighbors，KNN）、线性判别分析、人工神经网络以及集成模型等[59, 61, 62]。下面简要介绍几种传统机器学习的工作原理。

### （1）SVM分类器

SVM是一种强大的监督学习算法。SVM分类器是寻找一个超平面，使得两个类别之间的间隔最大化。这个超平面被称为最大间隔超平面，它能够实现良好的分类效果。但是，在实际问题中，输入SVM分类器中的特征空间大部分为线性不可分，这就需要SVM分类器的一个重要扩展——核函数。核函数允许SVM分类器在高维特征空间中进行分类。核函数可以将数据从低维空间映射到高维空间，从而实现非线性分类。常见的核函数包括线性核函数、多项式核函数和高斯核函数等。基础的SVM分类器只能实现二分类任务，至于多分类任务，可以通过多次使用SVM分类器进行解决。

（2）KNN分类器

KNN分类器是一种常用的非参数化分类算法，它是基于样本之间的相似性度量，将未知样本分类为与其最邻近的$k$个训练样本中最常见的类别。KNN分类器首先需要一个标记好的训练数据集，其中包含每个样本的特征和对应的类别标签；确定$k$的取值，即要考虑最近邻的数量；对于待分类的未知样本，计算其与训练集中每个样本之间的距离；根据计算得到的距离，选择与待分类样本距离最近的$k$个训练样本；根据$k$个最近邻训练样本的类别标签，采用某种特定的表决方式确定待分类样本的类别，作为最终的预测结果。

（3）Bagging分类器

Bagging分类器是一种集成学习算法，旨在通过结合多个基分类器的预测来改善整体分类性能。Bagging分类器从原始训练数据集中进行有放回的抽样，生成多个大小相等的训练子集；针对每个训练子集，独立地训练一个基分类器；对于待分类样本，通过将所有基分类器的预测结果进行表决来生成最终的集成预测结果。Bagging分类器的多个基学习器之间是并行的关系，可以同时训练，最终将多个学习器结合。与单个分类器相比，Bagging分类器不仅具有较高的准确率和稳定性，还可降低结果的方差，具有很强的泛化能力。

传统机器学习方法通常依赖于从实验数据中提取特征并优化特征组合，从而实现分类。这一过程往往需要耗费大量时间与精力，且方法本身通常只适用于特定问题，缺乏普适性。近年来，基于数据驱动的深度学习技术取得了迅速发展。与传统机器学习相比，深度学习能够直接处理原始数据，通过算法逐层抽象，将原始数据自动转化为与任务高度相关的特征，从而实现从特征到任务目标的高效映射。在此过程中无需人工干预，呈现出一种端到端的学习方式。常见的深度学习方法包括卷积神经网络（convolutional neural networks，CNN）、循环神经网络（recurrent neural networks，RNN）、长短期记忆网络（long short-term memory networks，LSTM）和门控循环单元（gated recurrent units，GRU）等[63-65]。

CNN能够根据任务自适应地提取原始数据中的空间特征信息，有效避免了传统机器学习方法中手动提取特征的烦琐工作。然而，sEMG信号作为一种时间序列数据，富含时间信息。CNN虽然在提取空间信息方面具有显著优势，但其在挖掘时间依赖信息方面相对不足。与之相比，RNN、LSTM和GRU等结构允许历史数据影响当前输出，因而更擅长从时间序列数据中提取时间依赖信息。单独使用一种深度学习方法难以全面提取原始sEMG信号中包含的人体下肢动作信息。当前研究的重要方向之一即为结合多种深度学习方法，设计复合的深度学习结构，以有效捕捉sEMG信号中的多源信息，从而实现对人体动作的准确、实时识别。

## 6.3　智能交互系统应用研究

智能交互技术的核心在于通过信息的感知与处理，使人形机器人能够理解并实时响应人类的指令和需求。sEMG信号作为一种重要的生物电信号，近年来在智能交互系统中的应用研究取得了显著进展。sEMG信号能够实时反映肌肉的运动状态，具有无创、实时、灵敏等优点，尤其适合用于捕捉用户的运动意图并实现精确控制。因此，基于sEMG信号的智能交互系统，能够为人形机器人提供一种高效、直观且自然的交互方式。通过解码sEMG信号，人形机器人能够识别用户的动作甚至思维意图，从而实现复杂的智能任务。本节将探讨基于sEMG信号的人体下肢动作识别的智能交互系统，以实例的形式分析sEMG信号的获取与处理技术。

## 6.3.1　表面肌电信号的获取与处理技术

本节所提出的sEMG信号的获取与处理技术框架如图6.4所示，主要包括sEMG信号获取、预处理、信号分解、特征提取、特征降维和识别部分。本节接下来将对各部分的内容进行详细介绍。

本节所使用的数据集是人体在进行平地行走、上楼梯、下楼梯和跳跃四种下肢动作时的sEMG信号，如图6.5所示。采集位置分别为股直肌、股内侧肌、股外侧肌、半腱肌、胫骨前肌、腓肠肌外侧和腓肠肌内侧。

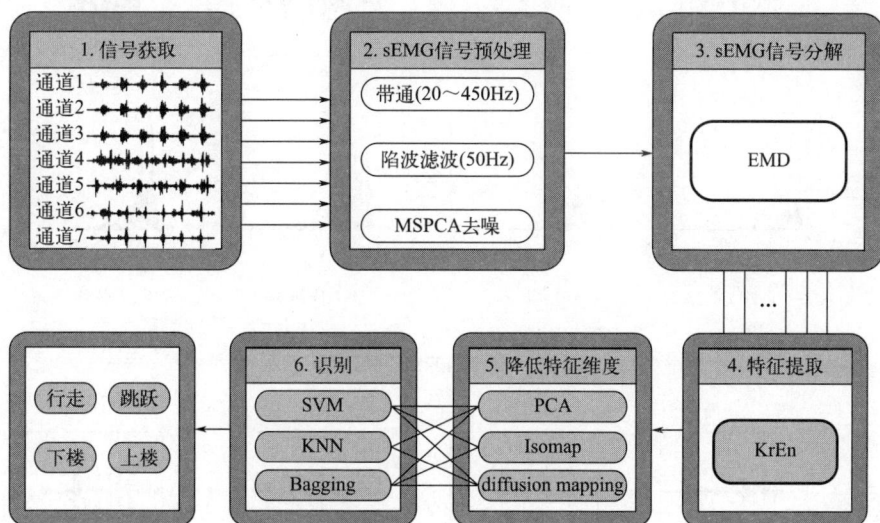

图6.4　sEMG信号的获取与处理技术框架

对sEMG信号进行20 ～ 450Hz带通滤波和50Hz陷波滤波得到滤波后的sEMG信号，如图6.6所示。

再对滤波后的sEMG信号进行多尺度主元分析预处理，得到纯净的sEMG信号，如图6.7所示。

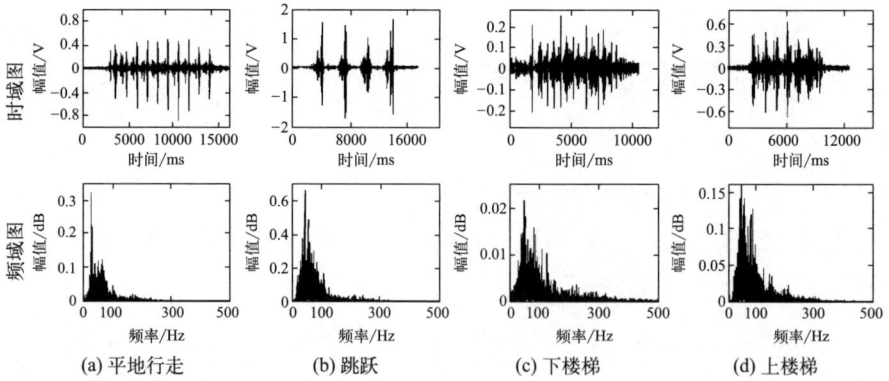

图6.5 采集的sEMG信号

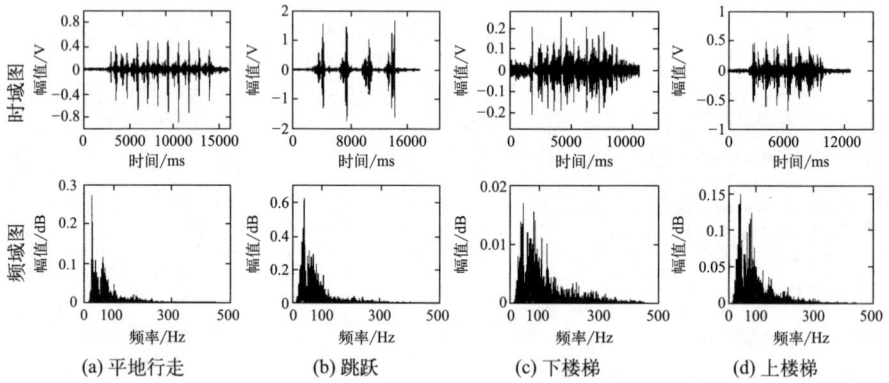

图6.6 滤波后的sEMG信号

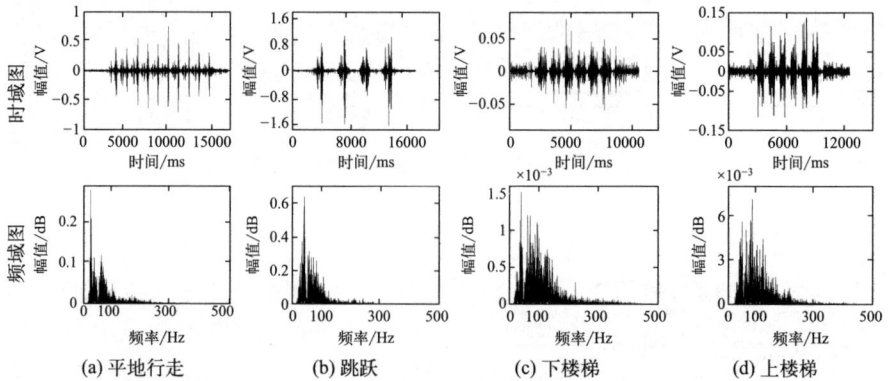

图6.7 纯净的sEMG信号

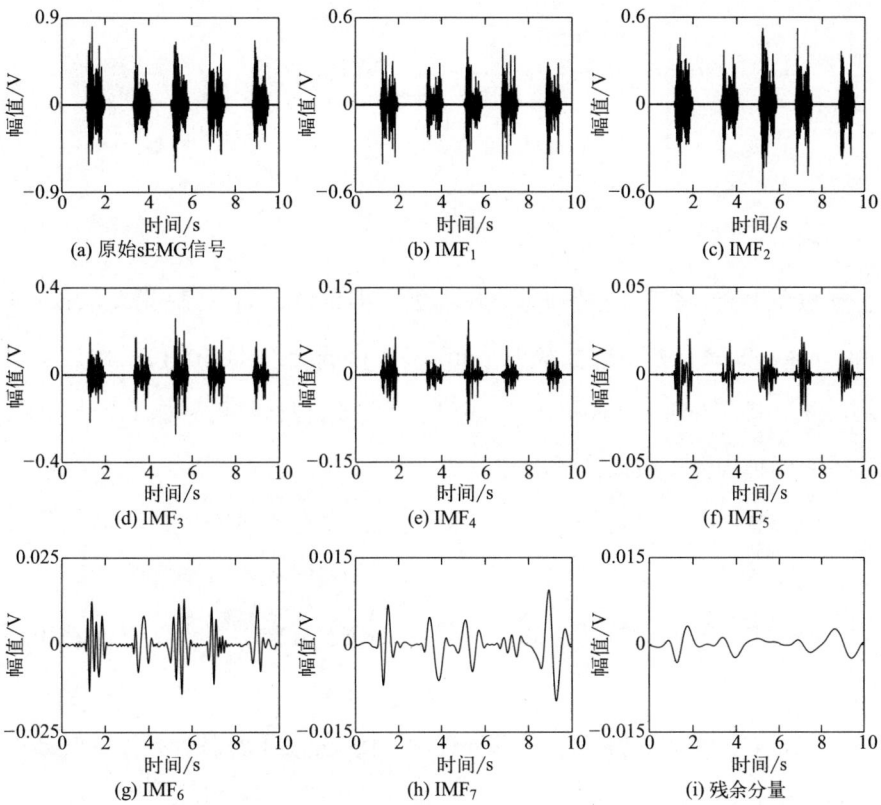

图6.8　EMD分解sEMG得到子成分

再将纯净的sEMG信号进行EMD分解得到多个子成分，如图6.8所示。

再从各子带信号中提取表征下肢动作的KrEn特征。KrEn特征的表示如下：

$$\hat{H}(X) = -\psi(k) + \psi(N) + \lg(c_d) + \frac{d}{N}\sum_{i=1}^{N}\lg[\varepsilon(i)] \tag{6.12}$$

式中，$\psi$ 是digamma函数；$\varepsilon(i)$ 为第$i$个样本到它的第$k$个近邻样本的距离；$c_d$是维度为$d$的单位球的体积，其欧氏正则化表示为：

$$c_d = \frac{\pi^{\frac{d}{2}}}{\Gamma\left(1 + \dfrac{d}{2}\right)} \qquad\qquad (6.13)$$

式中，$\Gamma(\cdot)$ 为 Gamma 函数。

然后，再将三种特征降维算法，即 PCA、等距映射（isometric mapping，Isomap）和扩散映射（diffusion mapping，DM）和三种机器学习算法，即 SVM、KNN 和 Bagging 进行两两组合，共得到如下 9 种情况，实现对四种人体下肢动作的准确识别。

Case A：PCA 对特征空间进行降维，SVM 分类器对人体下肢动作进行识别。

Case B：PCA 对特征空间进行降维，KNN 分类器对人体下肢动作进行识别。

Case C：PCA 对特征空间进行降维，Bagging 分类器对人体下肢动作进行识别。

Case D：Isomap 对特征空间进行降维，SVM 分类器对人体下肢动作进行识别。

Case E：Isomap 对特征空间进行降维，KNN 分类器对人体下肢动作进行识别。

Case F：Isomap 对特征空间进行降维，Bagging 分类器对人体下肢动作进行识别。

Case G：DM 对特征空间进行降维，SVM 分类器对人体下肢动作进行识别。

Case H：DM 对特征空间进行降维，KNN 分类器对人体下肢动作进行识别。

Case I：DM 对特征空间进行降维，Bagging 分类器对人体下肢动作进行识别。

## 6.3.2　性能评估指标

本节采用十折交叉验证对所提出的方法进行评估。十折交叉验证通过将数据集划分为十个子集，循环使用其中一个子集作为验证数据，进行多次训练和评估，从而获得对所提方法的可靠评估[66]。

本节主要采用基于混淆矩阵计算的性能评价指标来衡量所提方法的表现。混淆矩阵是用于评估分类模型性能的一种表格形式，它以实际类别和预测类别为基础，将分类结果分为四个不同的情况：真正例（true positive，TP）、真反例（true negative，TN）、假正例（false positive，FP）和假反例（false negative，FN）。图6.9所示为混淆矩阵的基本形式，其中，每个单元格表示在分类模型中的样本数量。TP表示模型正确地将正例分类为正例的数量，TN表示模型正确地将反例分类为反例的数量，FP表示模型错误地将反例分类为正例的数量，FN表示模型错误地将正例分类为反例的数量。

| 混淆矩阵 | | 预测值 | |
|---|---|---|---|
| | | 正例 | 反例 |
| 真实值 | 正例 | TP | FN |
| | 反例 | FP | TN |

图6.9　混淆矩阵的基本形式

本节使用根据混淆矩阵中不同单元格计算的准确率（accuracy，Acc）来衡量所提方法的识别表现。下面将给出评估指标的具体含义和计算方法。

准确率是一种直观的评估指标，具有易于理解和解释的特点。准确率提供了一个整体的性能评估，其计算方式是正确识别的样本数与总样本数之比，公式如下：

$$Acc = \frac{TP + TN}{TP + TN + FP + FN} \qquad (6.14)$$

### 6.3.3 本征模态函数个数确定

本节使用EMD将sEMG信号分解成多个IMF，并从每个IMF中提取KrEn特征，实现人体下肢动作的识别。但是，分解得到的不同数量的IMF在包含原始sEMG信号的局部特征信息方面存在差异，进而影响人体下肢动作的识别表现。此外，根据式（6.12），KrEn特征受到近邻值$k$的影响，这进而会影响其在表征下肢动作中的表现，最终对下肢动作的识别精度产生影响。为了进一步探究IMF数量与KrEn特征提取中的近邻值$k$对下肢动作识别准确率的影响，本章将对不同IMF数量和近邻值$k$的组合进行分析，相关结果展示在表6.1～表6.7中。

对比基于不同IMF数量的人体下肢动作识别准确率，在EMD分解sEMG信号得到的IMF数量过少时，由于IMF所包含的信息不能完全代表原始sEMG信号，人体下肢动作识别准确率较低。随着IMF数量的增加，即IMF中包含的人体下肢动作信息增多，人体下肢动作识别准确率有所提高。当IMF个数为11时，Case A、Case B、Case C、Case E、Case F、Case G、Case H和Case I的人体下肢动作识别准确率最高，分别为99.38%、99.07%、97.95%、99.16%、98.37%、99.63%、99.38%和98.34%。当IMF个数为10时，Case D的人体下肢动作识别准确率最高，达到99.27%。当

EMD分解sEMG信号得到的IMF个数超过11个时，人体下肢动作识别准确率可能会更高，但随着IMF数量的继续增加，计算成本会大大增加。此外，随着IMF数量的继续增加，虽然9种情况的人体下肢动作识别准确率有所提高，但由于过多数量的IMF可能引入了噪声，导致人体下肢动作识别准确率的提高受限。为了平衡人体下肢动作识别准确率和EMD分解sEMG信号的成本，本节将用于人体下肢动作识别的最优IMF数量设置为11。

表6.1　IMF=3时的下肢动作识别准确率　　　　　　单位：%

| $k$值 | Case A | Case B | Case C | Case D | Case E | Case F | Case G | Case H | Case I |
|---|---|---|---|---|---|---|---|---|---|
| $k$=1 | 92.13 | 93.88 | 93.57 | 97.61 | 98.01 | 96.57 | 92.81 | 96.07 | 95.93 |
| $k$=2 | 92.11 | 93.82 | 93.48 | 97.53 | 98.06 | 96.46 | 92.92 | 96.07 | 95.84 |
| $k$=3 | 92.08 | 93.85 | 93.54 | 97.56 | 97.92 | 96.32 | 92.81 | 96.10 | 95.79 |
| $k$=4 | 92.16 | 93.68 | 93.93 | 97.53 | 98.03 | 96.26 | 92.72 | 96.18 | 95.56 |
| $k$=5 | 92.13 | 94.10 | 94.07 | 97.70 | 98.03 | 96.60 | 92.72 | 96.12 | 96.04 |
| $k$=6 | 92.16 | 93.93 | 93.37 | 97.58 | 98.09 | 96.46 | 92.67 | 95.93 | 95.90 |
| $k$=7 | 92.08 | 93.85 | 93.85 | 97.58 | 98.03 | 96.38 | 92.70 | 96.18 | 95.84 |
| $k$=8 | 92.13 | 93.85 | 93.88 | 97.50 | 98.03 | 96.46 | 92.72 | 96.04 | 95.90 |

表6.2　IMF=4时的下肢动作识别准确率　　　　　　单位：%

| $k$值 | Case A | Case B | Case C | Case D | Case E | Case F | Case G | Case H | Case I |
|---|---|---|---|---|---|---|---|---|---|
| $k$=1 | 95.79 | 96.35 | 95.45 | 94.86 | 94.94 | 94.94 | 94.89 | 96.49 | 95.70 |
| $k$=2 | 95.87 | 96.24 | 95.70 | 94.89 | 95.00 | 94.83 | 94.92 | 96.66 | 95.67 |
| $k$=3 | 95.90 | 96.40 | 95.56 | 94.83 | 94.80 | 94.78 | 94.78 | 96.52 | 95.73 |
| $k$=4 | 95.98 | 96.29 | 95.67 | 94.80 | 94.89 | 94.83 | 94.83 | 96.46 | 95.31 |
| $k$=5 | 95.79 | 96.32 | 95.45 | 94.97 | 94.86 | 94.41 | 94.89 | 96.63 | 95.76 |
| $k$=6 | 95.81 | 96.26 | 95.81 | 94.92 | 95.14 | 94.86 | 94.83 | 96.60 | 95.70 |
| $k$=7 | 95.84 | 96.24 | 95.56 | 94.83 | 95.08 | 94.80 | 94.72 | 96.43 | 95.70 |
| $k$=8 | 95.70 | 96.24 | 95.65 | 94.89 | 94.89 | 94.89 | 94.80 | 96.54 | 95.39 |

表6.3　IMF=6时的下肢动作识别准确率　　　　　　单位：%

| $k$值 | Case A | Case B | Case C | Case D | Case E | Case F | Case G | Case H | Case I |
|---|---|---|---|---|---|---|---|---|---|
| $k=1$ | 97.98 | 98.01 | 97.22 | 97.78 | 97.67 | 96.07 | 97.16 | 97.19 | 96.04 |
| $k=2$ | 98.12 | 98.03 | 97.16 | 97.84 | 97.53 | 96.32 | 97.08 | 97.05 | 96.29 |
| $k=3$ | 98.01 | 98.09 | 97.13 | 97.78 | 97.47 | 96.21 | 97.19 | 97.19 | 96.07 |
| $k=4$ | 98.06 | 98.03 | 97.25 | 97.78 | 97.64 | 96.15 | 97.11 | 97.02 | 96.07 |
| $k=5$ | 98.09 | 97.95 | 97.08 | 97.78 | 97.58 | 96.21 | 97.16 | 97.02 | 96.32 |
| $k=6$ | 98.03 | 98.12 | 97.08 | 97.78 | 97.72 | 96.07 | 97.16 | 97.05 | 95.98 |
| $k=7$ | 98.01 | 98.01 | 96.97 | 97.81 | 97.56 | 96.12 | 97.13 | 97.08 | 96.15 |
| $k=8$ | 98.03 | 97.89 | 97.02 | 97.75 | 97.61 | 96.15 | 97.16 | 97.02 | 96.15 |

表6.4　IMF=8时的下肢动作识别准确率　　　　　　单位：%

| $k$值 | Case A | Case B | Case C | Case D | Case E | Case F | Case G | Case H | Case I |
|---|---|---|---|---|---|---|---|---|---|
| $k=1$ | 98.62 | 97.56 | 96.80 | 98.40 | 96.60 | 97.44 | 98.26 | 97.33 | 97.28 |
| $k=2$ | 98.51 | 97.33 | 96.88 | 98.40 | 96.69 | 97.42 | 98.29 | 97.61 | 96.85 |
| $k=3$ | 98.48 | 97.44 | 96.88 | 98.34 | 96.57 | 97.30 | 98.17 | 97.39 | 96.69 |
| $k=4$ | 98.48 | 97.56 | 96.77 | 98.62 | 96.43 | 97.19 | 98.29 | 97.56 | 96.69 |
| $k=5$ | 98.48 | 97.42 | 97.02 | 98.34 | 96.54 | 97.36 | 98.23 | 97.44 | 97.30 |
| $k=6$ | 98.48 | 97.39 | 96.77 | 98.34 | 96.49 | 97.13 | 98.15 | 97.61 | 96.80 |
| $k=7$ | 98.48 | 97.61 | 97.02 | 98.48 | 96.63 | 97.33 | 98.17 | 97.47 | 97.16 |
| $k=8$ | 98.65 | 97.50 | 96.88 | 98.46 | 96.71 | 97.42 | 98.20 | 97.47 | 97.02 |

表6.5　IMF=10时的下肢动作识别准确率　　　　　　单位：%

| $k$值 | Case A | Case B | Case C | Case D | Case E | Case F | Case G | Case H | Case I |
|---|---|---|---|---|---|---|---|---|---|
| $k=1$ | 99.02 | 98.71 | 97.08 | 99.27 | 98.34 | 97.50 | 99.35 | 99.02 | 97.19 |
| $k=2$ | 99.21 | 98.74 | 96.91 | 99.16 | 98.26 | 97.61 | 99.33 | 98.99 | 97.42 |
| $k=3$ | 99.16 | 98.76 | 96.85 | 99.19 | 98.29 | 97.44 | 99.35 | 99.02 | 97.13 |
| $k=4$ | 99.33 | 98.76 | 96.94 | 99.13 | 98.15 | 97.53 | 99.27 | 98.93 | 97.19 |
| $k=5$ | 99.10 | 98.85 | 97.19 | 99.13 | 98.23 | 97.64 | 99.30 | 99.07 | 97.08 |
| $k=6$ | 99.16 | 98.71 | 96.88 | 99.16 | 98.20 | 97.53 | 99.30 | 98.99 | 97.42 |
| $k=7$ | 99.10 | 98.82 | 96.91 | 99.19 | 98.23 | 97.44 | 99.35 | 98.93 | 97.33 |
| $k=8$ | 99.16 | 98.57 | 97.05 | 99.13 | 98.23 | 97.47 | 99.30 | 99.02 | 97.19 |

表6.6 IMF=11时的下肢动作识别准确率 单位：%

| $k$值 | Case A | Case B | Case C | Case D | Case E | Case F | Case G | Case H | Case I |
|------|--------|--------|--------|--------|--------|--------|--------|--------|--------|
| $k=1$ | 99.33 | 98.82 | 97.81 | 99.10 | 99.07 | 98.20 | 99.55 | 99.27 | 97.98 |
| $k=2$ | 99.27 | 98.65 | 97.81 | 99.02 | 99.07 | 98.17 | 99.63 | 99.38 | 98.31 |
| $k=3$ | 99.33 | 98.82 | 97.61 | 99.02 | 99.02 | 98.31 | 99.52 | 99.21 | 97.89 |
| $k=4$ | 99.33 | 98.96 | 97.81 | 99.02 | 98.90 | 98.37 | 99.61 | 99.27 | 97.98 |
| $k=5$ | 99.33 | 99.07 | 97.89 | 98.93 | 98.99 | 98.06 | 99.55 | 99.27 | 98.34 |
| $k=6$ | 99.33 | 98.74 | 97.89 | 99.04 | 99.16 | 98.20 | 99.58 | 99.27 | 98.20 |
| $k=7$ | 99.38 | 98.76 | 97.95 | 99.13 | 99.02 | 98.17 | 99.52 | 99.27 | 98.17 |
| $k=8$ | 99.35 | 98.93 | 97.67 | 99.07 | 99.13 | 98.09 | 99.58 | 99.27 | 98.03 |

表6.7 IMF=12时的下肢动作识别准确率 单位：%

| $k$值 | Case A | Case B | Case C | Case D | Case E | Case F | Case G | Case H | Case I |
|------|--------|--------|--------|--------|--------|--------|--------|--------|--------|
| $k=1$ | 98.93 | 98.65 | 97.47 | 99.13 | 98.96 | 97.33 | 99.16 | 99.07 | 97.42 |
| $k=2$ | 98.90 | 98.65 | 97.39 | 99.10 | 99.04 | 97.50 | 99.21 | 99.02 | 97.13 |
| $k=3$ | 98.93 | 98.62 | 97.39 | 99.10 | 98.99 | 96.88 | 99.21 | 98.88 | 97.30 |
| $k=4$ | 98.93 | 98.60 | 97.36 | 99.13 | 98.90 | 97.56 | 99.27 | 98.96 | 97.16 |
| $k=5$ | 98.93 | 98.62 | 97.25 | 99.13 | 98.96 | 97.16 | 99.21 | 99.02 | 97.13 |
| $k=6$ | 98.96 | 98.62 | 97.36 | 99.07 | 98.93 | 97.56 | 99.10 | 98.82 | 97.11 |
| $k=7$ | 98.93 | 98.65 | 97.25 | 99.19 | 99.02 | 97.30 | 99.13 | 98.96 | 97.16 |
| $k=8$ | 98.90 | 98.62 | 97.30 | 99.16 | 98.93 | 97.25 | 99.16 | 98.99 | 97.19 |

## 6.3.4 特征提取参数分析

本节所提方法是从IMF中提取KrEn特征。对于不同的最近邻值$k$，提取的KrEn特征对人体下肢动作的表征能力不同。KrEn特征受到最近邻值$k$的影响，从而影响人体下肢动作的识别精度。在本节中，分析了最近邻值$k$在1～8的KrEn特征对人体下肢动作的识别准确率。如表6.6所示，最近邻值$k=1$，2，…，8时的最佳人体下肢动作识别准确率分别为

99.55%、99.63%、99.52%、99.61%、99.55%、99.58%、99.52%和99.58%。基于最近邻值$k$=2时的KrEn特征，实现了99.63%的人体下肢动作识别准确率，达到最佳。图6.10所示为IMF个数为11时，采用不同最近邻值$k$计算的KrEn特征对9种情况的人体下肢动作识别准确率的均值和标准差。当最近邻值$k$=2时，人体下肢动作识别效果最好（Case G 的最佳人体下肢动作识别准确率为99.63%）；当最近邻值$k$=3时，人体下肢动作识别效果最差（Case C的最差人体下肢动作识别准确率为97.61%）。KrEn特征是基于样本到第$k$个最近邻样本的距离提取的，它代表信息的不确定性。如表6.6所示，在同一情况下，根据不同最近邻值$k$提取的KrEn特征对人体下肢动作识别的准确率相差不超过0.5%，说明KrEn特征可以有效表征人体下肢动作。

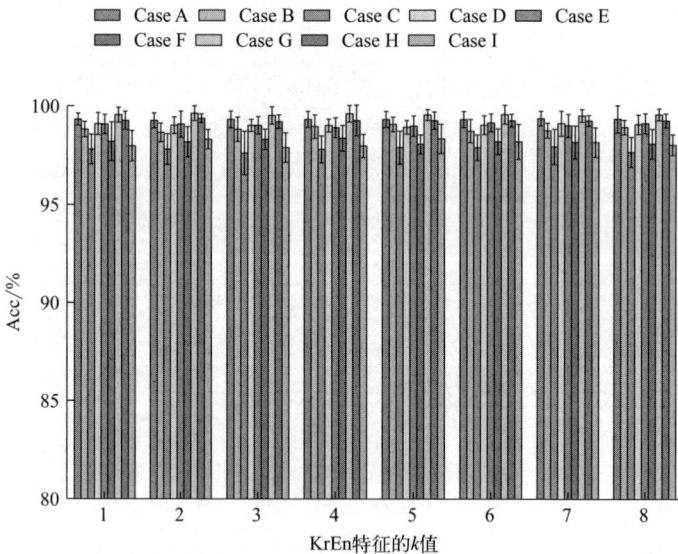

图6.10 根据不同最近邻值$k$计算的KrEn特征对9种情况的识别准确率

### 6.3.5　特征降维结果分析

本节从IMF中提取的特征维度较高，且特征之间也许存在冗余信息。为此，本节使用了三种特征降维算法（PCA、Isomap和DM）来降低特征之间的相关性。采用Kruskal-Wallis检验对降维特征的判别能力进行量化。Kruskal-Wallis检验的 $p$ 值小于0.05，说明降维特征具有统计学差异，有助于区分四种人体下肢动作。三种特征降维算法在降低特征维数的同时，保留了原有特征空间的信息。

### 6.3.6　识别结果分析

如表6.6所示，SVM分类器对应的Case A、Case D和Case G的人体下肢动作识别准确率最高，KNN分类器对应的Case B、Case E和Case H的人体下肢动作识别准确率次之，Bagging分类器对应的Case C、Case F和Case I的人体下肢动作识别准确率最低。在相同分类器的情况下，基于DM特征降维算法的人体下肢动作识别性能优于基于PCA特征降维算法的人体下肢动作识别性能（Case G > Case A，Case H > Case B和Case I > Case C）。当Bagging分类器识别人体下肢动作时，Isomap特征降维算法的表现最佳（Case F > Case C和 Case F > Case I）。无论是使用SVM分类器还是KNN分类器进行人体下肢动作识别，DM特征降维算法都取得了最好的性能（Case G > Case A，Case G > Case D或Case H > Case B，Case H > Case E）；对比结果表明，Case G的人体下肢动作识别准确率最高，Case C的人体下肢动作识别准确率最低。

图6.11所示为9种情况对人体下肢动作识别的混淆矩阵，图片中的颜色深度与相应的值成正比。由图6.11可知，Case G对"上楼""跳跃"和

"下楼"类别的识别表现最好，Case H 对"行走"类别的识别表现最好。该混淆矩阵也进一步验证了本节的分析。

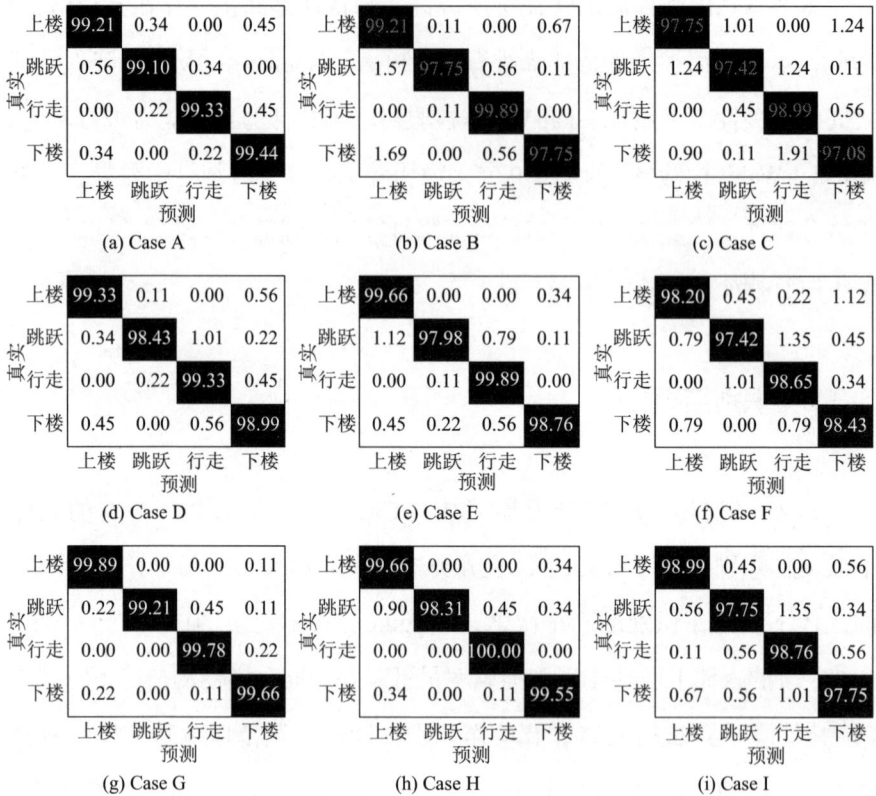

**(a) Case A** （行=真实，列=预测）

| 真实＼预测 | 上楼 | 跳跃 | 行走 | 下楼 |
| --- | --- | --- | --- | --- |
| 上楼 | 99.21 | 0.34 | 0.00 | 0.45 |
| 跳跃 | 0.56 | 99.10 | 0.34 | 0.00 |
| 行走 | 0.00 | 0.22 | 99.33 | 0.45 |
| 下楼 | 0.34 | 0.00 | 0.22 | 99.44 |

**(b) Case B**

| 真实＼预测 | 上楼 | 跳跃 | 行走 | 下楼 |
| --- | --- | --- | --- | --- |
| 上楼 | 99.21 | 0.11 | 0.00 | 0.67 |
| 跳跃 | 1.57 | 97.75 | 0.56 | 0.11 |
| 行走 | 0.00 | 0.11 | 99.89 | 0.00 |
| 下楼 | 1.69 | 0.00 | 0.56 | 97.75 |

**(c) Case C**

| 真实＼预测 | 上楼 | 跳跃 | 行走 | 下楼 |
| --- | --- | --- | --- | --- |
| 上楼 | 97.75 | 1.01 | 0.00 | 1.24 |
| 跳跃 | 1.24 | 97.42 | 1.24 | 0.11 |
| 行走 | 0.00 | 0.45 | 98.99 | 0.56 |
| 下楼 | 0.90 | 0.11 | 1.91 | 97.08 |

**(d) Case D**

| 真实＼预测 | 上楼 | 跳跃 | 行走 | 下楼 |
| --- | --- | --- | --- | --- |
| 上楼 | 99.33 | 0.11 | 0.00 | 0.56 |
| 跳跃 | 0.34 | 98.43 | 1.01 | 0.22 |
| 行走 | 0.00 | 0.22 | 99.33 | 0.45 |
| 下楼 | 0.45 | 0.00 | 0.56 | 98.99 |

**(e) Case E**

| 真实＼预测 | 上楼 | 跳跃 | 行走 | 下楼 |
| --- | --- | --- | --- | --- |
| 上楼 | 99.66 | 0.00 | 0.00 | 0.34 |
| 跳跃 | 1.12 | 97.98 | 0.79 | 0.11 |
| 行走 | 0.00 | 0.11 | 99.89 | 0.00 |
| 下楼 | 0.45 | 0.22 | 0.56 | 98.76 |

**(f) Case F**

| 真实＼预测 | 上楼 | 跳跃 | 行走 | 下楼 |
| --- | --- | --- | --- | --- |
| 上楼 | 98.20 | 0.45 | 0.22 | 1.12 |
| 跳跃 | 0.79 | 97.42 | 1.35 | 0.45 |
| 行走 | 0.00 | 1.01 | 98.65 | 0.34 |
| 下楼 | 0.79 | 0.00 | 0.79 | 98.43 |

**(g) Case G**

| 真实＼预测 | 上楼 | 跳跃 | 行走 | 下楼 |
| --- | --- | --- | --- | --- |
| 上楼 | 99.89 | 0.00 | 0.00 | 0.11 |
| 跳跃 | 0.22 | 99.21 | 0.45 | 0.11 |
| 行走 | 0.00 | 0.00 | 99.78 | 0.22 |
| 下楼 | 0.22 | 0.00 | 0.11 | 99.66 |

**(h) Case H**

| 真实＼预测 | 上楼 | 跳跃 | 行走 | 下楼 |
| --- | --- | --- | --- | --- |
| 上楼 | 99.66 | 0.00 | 0.00 | 0.34 |
| 跳跃 | 0.90 | 98.31 | 0.45 | 0.34 |
| 行走 | 0.00 | 0.00 | 100.00 | 0.00 |
| 下楼 | 0.34 | 0.00 | 0.11 | 99.55 |

**(i) Case I**

| 真实＼预测 | 上楼 | 跳跃 | 行走 | 下楼 |
| --- | --- | --- | --- | --- |
| 上楼 | 98.99 | 0.45 | 0.00 | 0.56 |
| 跳跃 | 0.56 | 97.75 | 1.35 | 0.34 |
| 行走 | 0.11 | 0.56 | 98.76 | 0.56 |
| 下楼 | 0.67 | 0.56 | 1.01 | 97.75 |

图6.11　9种情况的混淆矩阵

## 6.4　本章小结

本章围绕人形机器人智能交互系统中生物电信号的产生机理、特性及其处理技术展开深入探讨，重点分析了sEMG信号的产生机理与特性，系统梳理了从信号获取到处理的关键技术环节，包括信号获取、预处理、信号分解、特征提取、特征降维及信号识别等内容。在此基础上，进一步结合人形机器人智能交互系统的应用需求，通过 sEMG 信号特征提取参数分析、特征降维结果分析和识别结果分析等实验研究，验证了所提出技术方案的可行性与有效性，为人形机器人智能交互设备的开发与应用提供了有力支持。

## 参考文献

［1］ Alimardani M，Qurashi S. Mind Perception of a Sociable Humanoid Robot：A Comparison Between Elderly and Young Adults［C］. Proceedings of the 4th Iberian Robotics Conference - Advances in Robotics，2019：96-108.

［2］ Balbuena J，Beltran C. Deep Learning Models for Emotion Classification in Human Robot Interaction Platforms［C］. Proceedings of the 2nd International Conference on Image Processing and Robotics，2022：1-6.

［3］ Yordanov Y，Tsenov G，Mladenov V，et al. Humanoid Robot Control with EEG Brainwaves［C］. Proceedings of the 9th IEEE International Conference on Intelligent Data Acquisition and Advanced Computing Systems - Technology and Applications，2017：238-242.

［4］ Zhu J，Zhang S，Ma S Q，et al. Deep-Learning-Assisted Piezoresistive Intelligent Glove for Pressure Monitoring and Object Identification［J］. Advanced Materials Technologies，2024，9（20）：2400254.

［5］ Holeyannavar K，Giriyapur A C，Tapaskar R P，et al. Artificial Intelligence Based Intelligent Social Humanoid Robot - AJIT 2.0［C］. Proceedings of the International Conference on Intelligent Computing and Control Systems，2019：875-878.

［6］ Abate A F，Barra P，Bisogni C，et al. Contextual Trust Model With a Humanoid Robot Defense for Attacks to Smart Eco-Systems［J］. IEEE Access，2020，8：207404-207414.

［7］ Park J Y，Hwang Y H，Shin S，et al. Development of Humanoid Robot Motion Control Algorithm Using Brain Wave Measurement Signals［C］. Proceedings of the 17th International Conference on PErvasive Technologies Related to Assistive Environments，2024：678-679.

［8］ Liu Y S，Li F，Tang L H，et al. Detection of Humanoid Robot Design Preferences Using EEG and Eye Tracker［C］. Proceedings of the 18th International Conference on Cyberworlds，2019：219-224.

［9］ Shao S L，Wang T，Li Y W，et al. Comparison Analysis of Different Time-Scale Heart Rate

Variability Signals for Mental Workload Assessment in Human-Robot Interaction [ J ]. Wireless Communications & Mobile Computing, 2021: 8371637.

[ 10 ] Ahmed H I, Saleem D M, Omair S M, et al. Conceptual Hybrid Model for Wearable Cardiac Monitoring System [ J ]. Wireless Personal Communications, 2022, 125 ( 4 ): 3715-3726.

[ 11 ] Tanioka R, Yasuhara Y, Osaka K, et al. Autonomic Nervous Activity of Patient with Schizophrenia During Pepper CPGE-Led Upper Limb Range of Motion Exercises [ J ]. Enfermeria Clinica, 2020, 30 ( S1 ): 48-53.

[ 12 ] Chae Y, Choi C, Kim J, et al. Noninvasive sEMG-based Control for Humanoid Robot Teleoperated Navigation [ J ]. International Journal of Precision Engineering and Manufacturing, 2011, 12 ( 6 ): 1105-1110.

[ 13 ] Zhang H, Zhao Z M, Yu Y, et al. A Feasibility Study on an Intuitive Teleoperation System Combining IMU with sEMG Sensors [ C ]. Proceedings of the 11th International Conference on Intelligent Robotics and Applications, 2018: 465-474.

[ 14 ] Staffa M, D'errico L. EEG-Based Machine Learning Models for Emotion Recognition in HRI [ C ]. Proceedings of the 4th International Conference on Artificial Intelligence in HCi ( Ai-HCi ) Held as Part of the 25th International Conference on Human-Computer Interaction, 2023: 285-297.

[ 15 ] Cheng S W, Wang J L, Tian J M, et al. Using Humanoid Robots to Obtain High-Quality Motor Imagery Electroencephalogram Data for Better Brain-Computer Interaction [ J ]. IEEE Transactions on Cognitive and Developmental Systems, 2024, 16 ( 2 ): 706-719.

[ 16 ] Wu T Y, Zheng H, Zheng G, et al. Do We Empathize Humanoid Robots and Humans in the Same Way? Behavioral and Multimodal Brain Imaging Investigations [ J ]. Cerebral Cortex, 2024, 34 ( 6 ): bhae248.

[ 17 ] Vijayvargiya A, Singh B, Kumar R, et al. Human Lower Limb Activity Recognition Techniques, Databases, Challenges and Its Applications Using sEMG Signal: An Overview [ J ]. Biomedical Engineering Letters, 2022, 12 ( 4 ): 343-358.

[ 18 ] Mao W F, Ma B, Li Z, et al. STGNN-LMR: A Spatial-Temporal Graph Neural Network Approach Based on sEMG Lower Limb Motion Recognition [ J ]. Journal of Bionic Engineering, 2024, 21 ( 1 ): 256-269.

[ 19 ] Ling L Y, Wang Y W, Ding F, et al. An Efficient Method for Identifying Lower Limb Behavior Intentions Based on Surface Electromyography [ J ]. Cmc-Computers Materials & Continua, 2023, 77 ( 3 ): 2771-2790.

[ 20 ] Yuan Y, Cao D, Li C, et al. Feature Fusion of Electrocardiogram and Surface Electromyography for Estimating the Fatigue States During Lower Limb Rehabilitation [ J ]. Journal of Biomedical Engineering, 2020, 37 ( 6 ): 1056-1064.

[ 21 ] Shi X, Qin P J, Zhu J Q, et al. Lower Limb Motion Recognition Method Based on Improved Wavelet Packet Transform and Unscented Kalman Neural Network [ J ]. Mathematical Problems in Engineering, 2020: 5684812.

[ 22 ] Yu S X, Zhan H, Lian X W, et al. A Smartphone-Based sEMG Signal Analysis System for Human Action Recognition [ J ]. Biosensors-Basel, 2023, 13 ( 8 ): 805.

[ 23 ] Tao Y F, Huang Y P, Zheng J G, et al. Multi-Channel sEMG Based Human Lower Limb Motion Intention Recognition Method [ C ]. Proceedings of the IEEE/ASME International Conference on Advanced Intelligent Mechatronics, 2019: 1037-1042.

［24］Tu J，Dai Z X，Zhao X，et al. Lower Limb Motion Recognition Based on Surface Electromyography ［J］. Biomedical Signal Processing and Control，2023，81：104443.

［25］Ryu J，Lee B H，Kim D H. sEMG Signal-Based Lower Limb Human Motion Detection Using a Top and Slope Feature Extraction Algorithm［J］. IEEE Signal Processing Letters，2017，24（7）：929-932.

［26］Liu Q，Wang S，Dai Y，et al. Two-Dimensional Identification of Lower Limb Gait Features Based on the Variational Modal Decomposition of sEMG Signal and Convolutional Neural Network［J］. Gait & Posture，2024，117：191-203.

［27］Zhou Z W，Tao Q，Su N，et al. Lower Limb Motion Recognition Based on sEMG and CNN-TL Fusion Model［J］. Sensors，2024，24（21）：7087.

［28］Zhou H，Feng R L，Peng Y H，et al. Integration of Multiscale Fusion of Residual Neural Network with 2-D Gramian Angular Fields for Lower Limb Movement Recognition Based on Multi-Channel sEMG Signals ［J］. Biomedical Signal Processing and Control，2025，99：106807.

［29］Liu X Y，Wei Q，Ma H X，et al. Muscle Selection Using ICA Clustering and Phase Variable Method for Transfemoral Amputees Estimation of Lower Limb Joint Angles［J］. Machines，2022，10（10）：944.

［30］Tu P J，Li J H，Wang H J. Lower Limb Motion Recognition with Improved SVM Based on Surface Electromyography［J］. Sensors，2024，24（10）：3097.

［31］Cai S B，Chen D P，Fan B F，et al. Gait Phases Recognition Based on Lower Limb sEMG Signals Using LDA-PSO-LSTM Algorithm［J］. Biomedical Signal Processing and Control，2023，80：104272.

［32］Issa S，Khaled A R. Lower Limb Movement Recognition Using EMG Signals［C］. Proceedings of the 21st International Conference on Intelligent Systems Design and Applications，2021：336-345.

［33］Hussain T，Iqbal N，Maqbool H F，et al. Intent Based Recognition of Walking and Ramp Activities for Amputee Using sEMG Based Lower Limb Prostheses［J］. Biocybernetics and Biomedical Engineering，2020，40（3）：1110-1123.

［34］Zhang C H，Li Y A，Yu Z D，et al. An End-to-End Lower Limb Activity Recognition Framework Based on sEMG Data Augmentation and Enhanced CapsNet［J］. Expert Systems with Applications，2023，227：120257.

［35］Shi X，Cui H Y，Ao Y M，et al. Lower Limb Continuous Motion Recognition Based on DCWT-Residual Attention Network for sEMG Signals［C］. Proceedings of the 10th International Conference on Control，Automation and Robotic，2024：10-15.

［36］Ge W Y，Zhao J，Wang F，et al. Experimental Design of Lower-limb Movement Recognition Based on Support Vector Machine［C］. Proceedings of the 41st Chinese Control Conference，2022：6493-6497.

［37］Fu R R，Zhang B Z，Liang H F，et al. Gesture Recognition of sEMG Signal Based on GASF-LDA Feature Enhancement and Adaptive ABC Optimized SVM［J］. Biomedical Signal Processing and Control，2023，85：105104.

［38］Ye Y，Zhu M X，Ou C W，et al. Online Pattern Recognition of Lower Limb Movements Based on sEMG Signals and Its application in Real-Time Rehabilitation Training［J］. Robotica，2024，42（2）：389-414.

［39］Ryu J，Lee B H，Maeng J，et al. sEMG-Signal and IMU Sensor-Based Gait Sub-Phase Detection and Prediction Using a User-Adaptive Classifier［J］. Medical Engineering & Physics，2019，69：50-57.

［40］Wang X J，Dong D P，Chi X K，et al. sEMG-Based Consecutive Estimation of Human Lower Limb Movement by Using Multi-Branch Neural Network［J］. Biomedical Signal Processing and Control，

2021, 68: 102781.

［41］ Gu C Y, Ren C H, Zhou M L. A Novel Method to Process Surface Electromyography Signal for Pedestrian Lower Limb Motion Pattern Recognition［J］. Transactions of the Institute of Measurement and Control, 2020, 42（13）: 2492-2498.

［42］ Tan F N, Wei W H, Dong Y Z, et al. A Novel Metric based on Bootstrapping Approach for sEMG Signal Quality Assessment Towards Robust Decoding of Lower Limb Locomotion［C］. Proceedings of the 4th IEEE International Conference on Cyborg and Bionic Systems, 2023: 159-163.

［43］ Vijayvargiya A, Khimraj, Kumar R, et al. Voting-Based 1D CNN Model for Human Lower Limb Activity Recognition Using sEMG Signal［J］. Physical and Engineering Sciences in Medicine, 2021, 44（4）: 1297-1309.

［44］ Vijayvargiya A, Singh B, Kumari N, et al. sEMG-Based Deep Learning Framework for the Automatic Detection of Knee Abnormality［J］. Signal Image and Video Processing, 2023, 17（4）: 1087-1095.

［45］ Chen J C, Sun Y N, Sun S M. Muscle Synergy of Lower Limb Motion in Subjects with and without Knee Pathology［J］. Diagnostics, 2021, 11（8）: 1318.

［46］ Vijayvargiya A, Singh P, Kumar R, et al. Hardware Implementation for Lower Limb Surface EMG Measurement and Analysis Using Explainable AI for Activity Recognition［J］. IEEE Transactions on Instrumentation and Measurement, 2022, 71: 2004909.

［47］ Yuan Y. Application of a sEMG Hand Motion Recognition Method Based on Variational Mode Decomposition and ReliefF Algorithm in Rehabilitation Medicine［J］. PLOS One, 2024, 19（11）: e0314611.

［48］ Alfaro-Cortés H H, García-Manzo R E, Ocampo-Estrada B S, et al. Comparing Wavelet Characterization Methods for the Classification of Upper Limb sEMG Signals［J］. Computación y Sistemas, 2023, 27（2）: 553-567.

［49］ Zhao H Y, Qiu Z B, Peng D Y, et al. Prediction of Joint Angles Based on Human Lower Limb Surface Electromyography［J］. Sensors, 2023, 23（12）: 5404.

［50］ Shi X, Qin P J, Zhu J Q, et al. Feature Extraction and Classification of Lower Limb Motion Based on sEMG Signals［J］. IEEE Access, 2020, 8: 132882-132892.

［51］ Vijayvargiya A, Gupta V, Kumar R, et al. A Hybrid WD-EEMD sEMG Feature Extraction Technique for Lower Limb Activity Recognition［J］. IEEE Sensors Journal, 2021, 21（18）: 20431-20439.

［52］ Rani G J, Hashmi M F, Muhammad G. Variational Mode Decomposition and Empirical Wavelet Transform-Based Feature Extraction and Ensemble Classifier for Lower Limb Movement Prediction With Surface Electromyography Signal［J］. IEEE Access, 2024, 12: 55201-55217.

［53］ Kumar Koppolu P, Chemmangat K. A Novel Procedure to Automate the Removal of PLI and Motion Artifacts Using Mode Decomposition to Enhance Pattern Recognition of sEMG Signals for Myoelectric Control of Prosthesis［J］. Biomedical Physics & Engineering Express, 2024, 10（6）: 065013.

［54］ Zhang P, Zhang J X, Elsabbagh A. Lower Limb Motion Intention Recognition Based on sEMG Fusion Features［J］. IEEE Sensors Journal, 2022, 22（7）: 7005-7014.

［55］ Wang B Z, Ou C W, Xie N G, et al. Lower Limb Motion Recognition Based on Surface Electromyography Signals and Its Experimental Verification on a Novel Multi-Posture Lower Limb Rehabilitation Robots［J］. Computers & Electrical Engineering, 2022, 101: 108067.

［56］ Qin P J, Shi X. Evaluation of Feature Extraction and Classification for Lower Limb Motion Based on sEMG Signal［J］. Entropy, 2020, 22（8）: 852.

［57］ Xi X G, Tang M Y, Miran S M, et al. Evaluation of Feature Extraction and Recognition for Activity Monitoring and Fall Detection Based on Wearable sEMG Sensors［J］. Sensors, 2017, 17（6）: 1229.

［58］ Wang J Q, Cao D G, Li Y, et al. Multi-user motion recognition using sEMG via discriminative canonical correlation analysis and adaptive dimensionality reduction［J］. Frontiers in Neurorobotics, 2022, 16: 997134.

［59］ Wang F, Lu J, Fan Z B, et al. Continuous Motion Estimation of Lower Limbs Based on Deep Belief Networks and Random Forest［J］. Review of Scientific Instruments, 2022, 93（4）: 044106.

［60］ Hussain T, Iqbal N, Maqbool H F, et al. Amputee Walking Mode Recognition Based on Mel Frequency Cepstral Coefficients Using Surface Electromyography Sensor［J］. International Journal of Sensor Networks, 2020, 32（3）: 139-149.

［61］ Wang J S, Cao D G, Wang J Q, et al. Action Recognition of Lower Limbs Based on Surface Electromyography Weighted Feature Method［J］. Sensors, 2021, 21（18）: 6147.

［62］ Shen C, Pei Z C, Chen W H, et al. Lower Limb Activity Recognition Based on sEMG Using Stacked Weighted Random Forest［J］. IEEE Transactions on Neural Systems and Rehabilitation Engineering, 2024, 32: 166-177.

［63］ Zhou B, Feng N S, Wang H, et al. Non-Invasive Dual Attention TCN for Electromyography and Motion Data Fusion in Lower Limb Ambulation Prediction［J］. Journal of Neural Engineering, 2022, 19（4）: 046051.

［64］ Yang L M, Shi Z J, Jia R M, et al. Multi-Branch Deep Learning Neural Network Prediction Model for the Development of Angular Biosensors Based on sEMG［J］. Frontiers in Bioengineering and Biotechnology, 2024, 12: 1492232.

［65］ Zhang A Y, Li Q, Li Z L, et al. Multimodal Fusion Convolutional Neural Network Based on sEMG and Accelerometer Signals for Intersubject Upper Limb Movement Classification［J］. IEEE Sensors Journal, 2023, 23（11）: 12334-12345.

［66］ Li J C, Liang T, Zeng Z N, et al. Motion Intention Prediction of Upper Limb in Stroke Survivors Using sEMG Signal and Attention Mechanism［J］. Biomedical Signal Processing and Control, 2022, 78: 103981.

# 第 7 章

# 人形机器人
# 安全通信

## 7.1　概述

随着人工智能和人形机器人技术的飞速发展，人形机器人正逐步进入日常生活，应用领域涉及家庭服务、医疗护理、教育辅助以及工业生产等多个方面[1, 2]。人形机器人不仅外形类似人类，运动能力也相当灵活，还能通过高度复杂的传感器系统感知周围的环境，并与人类进行更自然的互动。这类人形机器人通常需要与外界进行大量的信息交换和通信，内容不仅包括人形机器人内部各个组件之间的数据传输，还涉及与用户、云平台、传感器以及其他设备的远程协作和信息共享[3-5]。为了保证这些信息的传递顺畅有效，选择合适的通信技术并确保其良好的性能，已经成为人形机器人设计中的一个至关重要的因素。

随着人形机器人逐渐进入日常生活，并在各种场景中承担起越来越复杂的任务，它们在通信过程中面临的安全问题也变得更加严峻。由于人形机器人通常需要依靠无线网络来传输数据，所以它们在通信过程中可能会遭遇多种攻击，比如信息被窃听、被篡改，甚至伪造数据等[6]。具体而言，黑客可能通过监听无线网络中的数据流，窃取人形机器人的敏感信息，或者通过修改数据指令，干扰人形机器人的正常运行，甚至控制人形机器人的行为。这类安全隐患不仅会导致人形机器人本身出现故障或失控，还可能会危及用户的个人隐私，甚至直接威胁到用户的身体安全。因此，确保人形机器人通信的安全性至关重要。只有在保证通信安全的基础上，人形机器人才能在各种环境中稳定、可靠地执行任务，发挥其在不同领域的巨大应用潜力。

在这个背景下，研究人形机器人通信安全技术已成为学术界和工业界的一个重要课题。人形机器人的安全通信技术，主要是通过一系列的技术手段确保通信过程中的数据传输不被非法干扰、信息不被篡改或窃取[7-9]。信息加密、身份认证和访问控制技术是确保安全通信的三大技术。这些技术不仅在传统的信息安全领域得到了广泛应用，还被创新性地引入到人形机器人通信系统中，形成了具有特定要求和应用场景的安全通信解决方案。

本章首先会介绍两种常用的通信方案——Wi-Fi技术和蓝牙技术，这两种技术在不同的应用场景中，各自有着独特的优势和实际价值。接下来，本章将深入探讨人形机器人在通信过程中面临的一些安全问题，重点分析如何通过信息加密、身份认证和访问控制等技术，确保数据传输过程中的安全性，以及如何保护用户的隐私。最后，将总结本章的核心观点。

## 7.2 人形机器人通信方案

在人形机器人日益走向实际应用的过程中，如何确保人形机器人与外部设备、环境之间能够高效、稳定地进行信息交换，成为关键问题之一。而通信技术恰恰在这一过程中扮演了至关重要的角色。通信技术不仅决定了人形机器人在执行任务时的性能，还直接影响其与外界的互动体验，尤其是在远程操控、数据传输和多设备协作等方面的表现[10-13]。因此，选择合适的通信方案对提升人形机器人智能化水平、优化用户体验、提高工作效率至关重要。Wi-Fi技术和蓝牙技术作为当前应用较为广泛的无线通信方案，具备各自的优势和适用场景。本节接下来将对这两种常用的无线通信技术进行探讨。

## 7.2.1　Wi-Fi技术

Wi-Fi，全称wireless fidelity，也叫无线宽带。它是一种通过无线信号将设备连接到无线局域网的技术。Wi-Fi通常使用2.4GHz和5GHz的频段，利用无线通信替代传统的有线网络，可以避免烦琐的布线问题。它能够在没有任何线缆的情况下实现广泛的网络覆盖，极大地提升了设备之间的连接便利性[14]。例如，在人形机器人控制等场景中，Wi-Fi不仅简化了设备安装，还使得设备可以灵活地进行移动和控制，提升了便捷性和丰富性。

Wi-Fi是无线局域网的一种常用通信技术标准[15]。尽管在实际使用中，Wi-Fi技术可能面临诸如兼容性与安全性等挑战，但它依然有许多显著的优点。比如，Wi-Fi具有较高的传输速度，能够满足大部分应用环境的需求。同时，其有效传输距离也表现良好[16, 17]。Wi-Fi信号覆盖广泛，为人形机器人等设备提供了稳定的网络连接，确保其高效运行。

Wi-Fi技术自身独有的特点如下。

### （1）安装便捷，无需布线，易于扩展和维护

Wi-Fi网络的安装非常简单，只需在需要覆盖的区域安装一个或多个接入点，就能够解决网络传输问题，免去了传统有线网络布设的复杂工作。因此，能够实现不同设备之间的数据快速传输和共享。此外，Wi-Fi网络非常灵活，用户可以根据需求随时增加接入点，以扩展网络覆盖范围

和接入设备数量。而且，其与现有的宽带网络兼容，能够高效地完成网络部署，实现无缝连接，确保网络覆盖的广泛性。

### （2）组网灵活、移动性好

Wi-Fi网络允许任何终端设备在无线信号覆盖的范围内自由连接，连接到网络的终端还可以在移动中继续保持网络的连接，不受位置限制，增加了使用的便捷性。

### （3）无线覆盖范围广，传输速率快，可靠性高

Wi-Fi技术能够提供广泛的无线覆盖，传输的范围较大，同时传输速率也非常快，特别适合需要高数据传输速率的设备，如人形机器人等智能设备。如果在某些环境中出现信号较弱或干扰较大的情况，Wi-Fi系统还可以通过调整带宽来确保网络连接的稳定性和可靠性，避免因信号问题导致数据传输中断。

### （4）健康安全

Wi-Fi信号的发射功率较低，相比于手机和手持对讲机，电磁辐射更为微弱，因此无线网络的使用更加安全。此外，Wi-Fi网络无需直接与人体接触，相对更为健康，减少了电磁辐射对身体的潜在影响。

## 7.2.2 蓝牙技术

蓝牙通信技术是一种广泛应用的无线通信技术，支持数据在设备之间的传输。它通过在固定设备或移动设备之间建立短距离的无线连接，让设备能够相互操作或交换信息[18-20]。这项技术的核心优势在于它能够实现短距离、低功耗的无线传输，适合小范围的设备间通信[21]。蓝牙通信具

备的低功耗和集成化特点很好地满足了设备的小范围通信要求[22, 23]。虽然蓝牙本身的通信距离较短，但如果提升设备的传输功率，可以有效地扩大其传输范围。如今，蓝牙模块被广泛应用于各种通信设备中，大大提升了设备的智能化程度和便捷性[24]。

蓝牙通信技术的特点包括：

① 工作的主要频段是2.4GHz，这一频段无需特别申请许可；

② 传输数据带宽满足通信需求；

③ 即使在有外界障碍物或干扰的情况下，蓝牙通信依然能够维持较为稳定的连接；

④ 蓝牙设备功耗低、成本低，同时其集成化程度高，弊端是传输距离有限；

⑤ 使用无需建立基站的组网方式，支持一点对多点蓝牙传输，方便设备间的灵活通信。

# 7.3 人形机器人安全通信技术

在人形机器人系统中，安全通信问题仍然是影响系统性能的一个关键因素[8, 25-27]。下面将对人形机器人系统通信隐私泄露问题和人形机器人系统通信隐私泄露分析技术进行简要的介绍。

隐私泄露主要发生在通信过程中，导致隐私泄露的原因主要包括以下三个方面。

## （1）通信协议不规范

在设备与云平台之间的通信过程中，部分设备使用的加密方法较为简单，容易被攻击者破解。更为严重的是，极少数设备甚至直接以明文方式传输数据，导致网络流量易被截获，从而泄露敏感信息。尤其是在通信协议不具备足够的可靠性、保密性和完整性保障的情况下，攻击者可以通过对协议的分析与破解，获取系统中的隐私数据。这样的安全漏洞使得设备与云平台之间的通信过程容易受到中间人攻击、数据窃取或篡改等威胁，严重危及用户隐私和系统安全。

#### （2）弱身份认证

许多设备采用的认证方式比较传统，往往是口令认证。相较于指纹或人脸识别等更为安全且便捷的认证方式，传统的口令认证容易受到攻击者的暴力破解或字典攻击。许多设备的初始化密码设置得非常简单，攻击者可以通过弱口令猜测等方法轻松入侵，从而导致隐私泄露。

#### （3）访问控制策略不严格

在设备云端，访问控制策略起着至关重要的作用。如果使用者越权访问，会造成隐私泄露。因此要严格检测使用者的权限是否符合规定，防止隐私泄露问题。

系统的隐私泄露问题主要发生在通信过程中。为了应对这些问题，本节将研究设备在通信中的安全机制，具体包括三个方面：信息加密技术、身份认证技术和访问控制技术。这些技术将有效提高系统的安全性，减少隐私泄露的风险。

### 7.3.1　信息加密技术

为了确保通信的安全性，通常采用加密技术。加密技术可以分为三类：对称加密、非对称加密和不可逆加密。下面将对这三种加密技术进行解释。

① 对称加密：对称加密就像是使用同一把钥匙来锁门和开门。在通

信中，发信方和收信方都用同一个密钥进行加密和解密。发送数据时，原始信息经过一个特殊的加密算法处理，变成了密文；接收方则使用相同的密钥和算法进行解密，恢复出原来的明文。它的特点是加密和解密都依赖于同一个密钥，因此，密钥的保护非常重要。

② 非对称加密：非对称加密是指在加密和解密时使用两个密钥。非对称加密就像是使用一把锁和对应的两把钥匙。这里有两个密钥，分别是公钥和私钥。公钥可以公开给任何人，任何人都可以用它来加密信息；而私钥只有接收者自己拥有，只能用它来解密。这样，即使有人截获了密文，没有私钥也无法解密。另外，非对称加密还可以反过来使用：用私钥加密，只有公钥能解密。它的优势在于，公钥可以广泛分发，保证了通信的安全性，而私钥则保持机密，确保了数据的隐私。

③ 不可逆加密：不可逆加密与前两者不同，它的目的是将原始信息转换成一个固定长度的值，这个值无法通过算法反向得到原始信息。不可逆加密常用于存储密码和验证数据完整性等场合，保证数据在传输和存储过程中的安全。

总的来说，三种加密技术各自有不同的应用场景，对确保通信安全起到了重要作用。

## 7.3.2　身份认证技术

身份认证的目的是确保用户的身份与其声称的身份一致，防止不法分子冒充合法用户，避免非法操作和滥用系统权限，从而保证用户的信息安全和合法权益[28]。目前，常见的身份认证方式包括密码认证、指纹认证和人脸识别认证。

① 密码认证：在进行身份认证时，首先需要注册一个账户，并且每个账户在系统中都是唯一的。密码认证依赖于用户设置的密码，密码通常

是由一组字符或者计算机生成的随机数字组成。密码认证只需要用户的用户名和密码，通过网络连接可以在任何地方进行认证。

② 指纹认证：每个人的指纹具有独特的凹凸纹路，且这些纹路具有持久性。通过比对用户的指纹与系统中存储的指纹数据，系统可以确认用户的身份。由于每个人的指纹是独一无二的，因此这种方式具备较高的安全性。

③ 人脸识别认证：这种方式通过分析用户的面部特征，如眼睛、鼻子、嘴巴的位置和形状等，来进行身份识别。与指纹一样，每个人的面部特征也是独特的，但需要注意的是，面部特征可能随着年龄的增长或其他因素发生变化，因此其稳定性较指纹差一些。

### 7.3.3　访问控制技术

云平台通过访问控制技术来管理用户对系统的访问权限，包括判断哪些用户可以进入系统，以及他们可以访问和修改哪些数据[26, 27, 29]。下面简单介绍几种常见的访问控制策略。

① 自主访问控制策略：这种策略由信息的所有者决定，比如谁可以访问他们的资源以及可以执行哪些操作。换句话说，信息所有者可以灵活地选择与哪些用户共享资源。用户的访问权限是可以随时发生变化的。

② 强制访问控制策略：在这种策略下，用户的权限由操作系统根据严格的安全规定自动设定，用户和他们的进程不能修改这些属性。系统的安全策略是固定和已知的，且不受用户个体的影响。

③ 基于角色的访问控制策略：这种策略不会将权限直接授予用户，而是在用户和权限集合之间建立角色集合。每个角色有一组特定的权限，当用户被分配到某个角色时，他们就会自动获得该角色对应的权限。

④ 基于属性的访问控制策略：这种策略是将访问权限信息存放在用

户的权限属性中，每个权限属性描述了一个或多个用户的访问权限。当用户请求访问某个资源时，系统会根据用户的属性来决定是否允许访问。

这些策略通过不同的方式，确保了系统的安全性和对数据访问的有效管理。

## 7.4　本章小结

本章主要探讨了人形机器人在通信方面的关键技术与安全保障措施。在人形机器人通信方案的部分，首先介绍了两种无线通信技术——Wi-Fi技术和蓝牙技术。Wi-Fi技术由于其较高的数据传输速率和广泛的覆盖范围，适用于需要较大带宽和远距离通信的场景；而蓝牙技术则凭借低功耗、低延迟的特点，在短距离、高频率的通信任务中展现出独特的优势。

在安全通信技术方面，本章进一步深入分析了确保通信安全的核心技术，包括信息加密技术、身份认证技术和访问控制技术。信息加密技术通过对通信数据的加密处理，有效防止数据泄露和篡改；身份认证技术则通过对通信双方身份的验证，确保数据交换的可靠性与可信度；访问控制技术通过对数据访问权限的管理，减少未授权操作对系统的潜在威胁。

综上所述，保障人形机器人通信的安全性不仅仅依赖于先进的通信技术，还需要配合高效的安全防护机制，从而实现人形机器人的高效、安全与可靠运作。这些技术的应用将为人形机器人在各类应用场景中的顺利部署与运行提供有力支持。

# 参考文献

［1］ Angelopoulos G, Baras N, Dasygenis M. Secure Autonomous Cloud Brained Humanoid Robot Assisting Rescuers in Hazardous Environments［J］. Electronics, 2021, 10（2）: 124.

［2］ Ahmed H I, Saleem D M, Omair S M, et al. Conceptual Hybrid Model for Wearable Cardiac Monitoring System［J］. Wireless Personal Communications, 2022, 125（4）: 3715-3726.

［3］ Stan O P, Enyedi S, Corches C, et al. Method to Increase Dependability in a Cloud-Fog-Edge Environment［J］. Sensors, 2021, 21（14）: 4714.

［4］ Chang C H, Wang S C, Wang C C. Exploiting Moving Objects: Multi-Robot Simultaneous Localization and Tracking［J］. IEEE Transactions on Automation Science and Engineering, 2016, 13（2）: 810-827.

［5］ Ratul A U, Ali M T, Ahasan R, et al. Gesture Based Wireless Shadow Robot［C］. Proceedings of the 5th International Conference on Informatics, Electronics and Vision, 2016: 351-355.

［6］ Mazzeo G, Staffa M. TROS: Protecting Humanoids ROS from Privileged Attackers［J］. International Journal of Social Robotics, 2020, 12（3）: 827-841.

［7］ Barra P, Bisogni C, Rapuano A, et al. HiMessage: An Interactive Voice Mail System With the Humanoid Robot Pepper［C］. Proceedings of the IEEE 17th Int Conf on Dependable, Autonom and Secure Comp / IEEE 17th Int Conf on Pervas Intelligence and Comp / IEEE 5th Int Conf on Cloud and Big Data Comp / IEEE 4th Cyber Science and Technology Congress, 2019: 652-656.

［8］ Hajiabbasi M, Akhtarkavan E, Majidi B. Cyber-Physical Customer Management for Internet of Robotic Things-Enabled Banking［J］. IEEE Access, 2023, 11: 34062-34079.

［9］ Lu H, Jin C J, Helu X H, et al. AutoD: Intelligent Blockchain Application Unpacking Based on JNI Layer Deception Call［J］. IEEE Network, 2021, 35（2）: 215-221.

［10］ Cheng L Y, Sun Q, Su H, et al. Design and Implementation of Human-Robot Interactive Demonstration System Based on Kinect［C］. Proceedings of the 24th Chinese Control and Decision Conference, 2012: 971-975.

［11］ Popescu A L, Popescu N, Dobre C, et al. IoT and AI-Based Application for Automatic Interpretation of the Affective State of Children Diagnosed with Autism［J］. Sensors, 2022, 22（7）: 2528.

［12］ Park J Y, Hwang Y H, Shin S, et al. Development of Humanoid Robot Motion Control Algorithm Using Brain Wave Measurement Signals［C］. Proceedings of the 17th International Conference on PErvasive Technologies Related to Assistive Environments, 2024: 678-679.

［13］ Zaid A M, Yaqub M A. UTHM HAND: Performance of Complete System of Dexterous Anthropomorphic Robotic Hand［C］. Proceedings of the International Symposium on Robotics and Intelligent Sensors, 2012: 777-783.

［14］ Pamungkas R A, Maulana A, Syában D P, et al. WiFi Data Communication System Design for

Wheeled Soccer Robot Controller [C]. Proceedings of the 3rd International Conference on Education, 2017: 8782-8786.

[15] Huang R H, Zhao Y M, Li X, et al. Study on Fault Detection Robot for Oil-immersed TransformerBased on WiFi Control [C]. Proceedings of the Chinese Automation Congress, 2017: 50-55.

[16] Martinez V M G, Mello R C, Hasse P, et al. Ultra Reliable Communication for Robot Mobility enabled by SDN Splitting of WiFi Functions [C]. Proceedings of the IEEE Symposium on Computers and Communications, 2018: 532-535.

[17] Sankhe K, Jaisinghani D, Chowdhury K. ReLy: Machine Learning for Ultra-Reliable, Low-Latency Messaging in Industrial Robots[J]. IEEE Communications Magazine, 2021, 59 (4): 75-81.

[18] Dalgic O, Tekin A, Ugurlu B, et al. An Experimental Study of a Bluetooth Communication System for Robot Motion Control [C]. Proceedings of the 45th Annual Conference of the IEEE Industrial Electronics Society, 2019: 604-609.

[19] Yatmono S, Muhfizaturrahmah. Developing Design of Mobile Robot Navigation System Based on Android [C]. Proceedings of the 1st International Conference on Technology and Vocational Teachers, 2017: 98-100.

[20] Top A, Gökbulut M. Android Application Design with MIT App Inventor for Bluetooth Based Mobile Robot Control[J]. Wireless Personal Communications, 2022, 126 (2): 1403-1429.

[21] Tripathi S, Jana J, Mandal S, et al. Cost-Efficient Bluetooth-Controlled Robot Car for Material Handling [C]. Proceedings of the 2nd International Conference on Communication, Devices and Computing, 2019: 343-353.

[22] Ayad M, Mackay J, Clarke T. Implementation of a Tag Playing Robot for Entertainment [C]. Proceedings of the 8th Future of Information and Communication Conference, 2023: 416-426.

[23] Marzuki N S, Enzai N I M, Samudin N, et al. Controlling Robot Car via Smartphone [C]. Proceedings of the IEEE Symposium on Industrial Electronics and Applications, 2024: 10607178.

[24] Wang L, Li K Q. Design and Implementation of Sweeping Robot Based on Microcontroller [C]. Proceedings of the 3rd International Conference on Networks, Communications and Information Technology, 2024: 69-75.

[25] Sun C J, Zhang H, Qin S J, et al. DroidPDF: The Obfuscation Resilient Packer Detection Framework for Android Apps[J]. IEEE Access, 2020, 8: 167460-167474.

[26] Hemken N, Jacob F, Peller-Konrad F, et al. Poster: How to Raise a Robot - Beyond Access Control Constraints in Assistive Humanoid Robots [C]. Proceedings of the 28th ACM Symposium on Access Control Models and Technologies, 2023: 55-57.

[27] Hemken N, Jacob F, Tĕrnava F, et al. BlueSky: How to Raise a Robot - A Case for Neuro-Symbolic AI in Constrained Task Planning for Humanoid Assistive Robots [C]. Proceedings of the 29th ACM Symposium on Access Control Models and Technologies, 2024: 117-125.

[28] Zhang X M, Zhang P M, Zeng X, et al. sAuth: A Hierarchical Implicit Authentication Mechanism for Service Robots[J]. Journal of Supercomputing, 2022, 78 (14): 16029-16055.

[29] Abiddin W, Jailani R, Hanapiah F A, et al. Real-Time Paediatric Neurorehabilitation System [C]. Proceedings of the IEEE Region 10 Conference, 2017: 1463-1468.